최신

소방전기실습

윤 석 호 저

도서출판 상 학 당

欲爲大者 當爲人役

크고자 하거든 남을 섬기라

머 리 말

건축물의 대형화 · 초고층화를 비롯하여 가스 · 전기 · 유류 등 에너지 사용의 급증과 더불어 인류문화 생활의 다변화는 소화활동에 대한 중요성을 더욱 강조하지 않을 수 없다. 일반건축물 · 지하철 · 선박 등에서 화재가 발생한 경우 초기소화, 경보, 신속한 피난활동에 대한 체계적인 시스템과 전문적인 기술인력 확보는 인명피해와 재산손실을 최소화할 수 있다. 그러므로 그 어느 때보다 소방안전에 대한 체계적인 교육과 전문인력 확보의 필요성이 절실히 요구되고 있다.

이 책은 소방기술에 기본이 되는 전기기초기술 이해와 계측기 측정방법, 시퀀스 제어기 이해, 소방전기회로 구성 등을 중심으로 이해하기 쉬운 기초실험이 될 수 있도록 구체적으로 설명하였다.

특히 시퀀스 제어기 습득을 통한 기초자동화 기술을 이해하고, 소방전기회로를 습득하는 데 중점을 두었다. 이 책의 편집 내용 중 일부는 실험수업을 한 결과를 정리한 것으로 미흡한 점이 많을 것으로 생각되나 기회가 닿는 대로 계속 보완할 것을 약속드린다.

끝으로 출판을 위해 많은 도움을 주신 도서출판 상학당의 남승우 사장님을 비롯한 임직원 여러분에게 진심으로 감사드리며, 소방전기과목을 공부하는 학생들에게 많은 도움이 되기를 바랍니다.

저자 씀

차 례

제 1 장 서 론

제 2 장 전기기초실습

제 3 장 시퀀스 제어

제 4 장 소방전기실습

제 1 장

서 론

01 서 론

학습에서 얻은 원리와 이론에 관한 지식을 실제 회로 및 장치 등에 의하여 구체화시켜 이론과 실험결과를 관찰하고, 여러 가지 문제점을 알아봄으로써 전기설비와 관련된 운용능력을 증진시킬 수 있다.

정확한 실험을 행하기 위해서는 실습 전 아래사항을 준수하고, 주의사항을 주지하여 안전하고 효율적인 실습이 될 수 있도록 한다.

1.1 측정장치 직접 취급

실험용 측정장치를 직접 취급하여서 그 장치의 원리 · 구조 및 취급 방법을 습득하여, 같은 장치라도 그 사용법에 따라서 얻어지는 결과의 정도가 큰 차가 일어날 수 있으므로 가장 좋은 결과를 신속히 얻을 수 있도록 하는 연습이 필요하다.

1.2 정확한 측정능력 배양

어떠한 물체에 대한 수량적 개념은 취급중인 현상 · 장치 · 기구 · 부품 · 재료 등에 관한 성능을 나타내므로 가장 중요하다.

정확한 측정과 그 결과에 대한 오차, 기타의 검토를 충분히 행하여야 한다.

1.3 팀간의 임무부여

실험에 사용되는 여러 측정기기의 지시값을 신속 · 정확하게 측정하기 위해서는 같은 조의 여러 사람이 협동하여 각자의 임무를 완수하면 더 좋은 결과를 얻을 수 있다.

1.4 결과보고서 작성

자신의 실험결과 및 의견을 타인에게 알 수 있도록 표현하며, 발표하기 위해서는 보고서 작성방법이 매우 중요하다.

1.5 실험실의 일반사항

- 어떠한 일이 있더라도 실험 · 실습 담당자의 지시사항을 꼭 지킬 것
- 실험의 목적 · 원리 · 방법 및 주의사항을 충분히 이해한다.
- 실험은 정숙한 태도로 열심히 하여 종료시간 10분 전까지 완료하고 10분 동안에 사용한 기구 등을 정리한다.
- 한 사람만이 실험하고, 나머지 사람은 방관만 하여서는 안 되므로 실험자는 서로 협동하여 실험하여야 한다.
- 실험보고서에 주위조건(일기 · 온도 · 습도)을 기입한다.
- 측정중에 결과를 알 수 있도록 곡선으로 나타내는 습관을 기르며, 실험결과를 체계적으로 기입함으로써 실험시간을 효과적으로 이용한다.

1.6 기구 취급상 주의사항

- 기구는 조심성 있게 취급하여야 하며, 특히 정밀계기는 가능한 한 진동을 피한다.
- 사용기구류는 사용목적에 따라 적당한 것을 택한다.
- 전압(전원)은 특별한 경우를 제외하고 0[V]에서부터 점점 높여가며 회로에 과도한 전류가 흐르지 않도록 한다.
- 계기의 지시는 사용단자와 눈금을 대조해서 단위 눈금의 1/10까지 읽는다.
- 실험중 잘못된 기록으로 생각되면 재측정하여 수정하며, 실험중 발생한 제반사항은 빠짐없이 기록한다.
- 실험이 끝난 뒤 사용한 계기는 이상 유무를 확인하고, 실험 담당자의 확인을 받는다.

1.7 배선시 주의사항

- 결선도를 충분히 이해한 후 필요한 계기 · 기구의 종류 및 정격을 정한다.
- 계기는 관측하기 편리하고 위험이 없도록 배치하고 절연을 충분히 한다.
- 배선상호간의 접속은 반드시 계기의 단자에서 하며 가능한 간결하게 하고 교차를 피한다.

- 배선은 전원에서 시작하여 직렬 부분을 먼저하고 병렬인 부분을 나중에 하는 것이 좋다.
- 배선이 끝나면 결선회로에 따라서 다시 한번 충분히 검토한 후, 이상이 없을 때 전원을 넣는다.
- 실험을 중지하든가 도중에 배선을 변경할 때는 반드시 전원스위치를 끈다.

1.8 실습실의 안전수칙

- 각 실험실에서 이루어지는 실험은 반드시 실험실 관리책임자의 승인을 받을 것
- 실험실이나 작업장은 항상 청결을 유지하고 정리정돈을 잘할 것
- 실험실 내에서는 뛰어다니지 말 것
- 실험기기 동작시에는 자리를 비우지 말 것
- 실험기기의 가동 중에는 정비 및 청소를 하지 말 것
- 실험기기용 장비의 밸브는 서서히 열고 서서히 잠그도록 할 것
- 가연물질은 진행중인 실험에 필요한 최소량만을 보관할 것
- 모든 실험장치 및 기계는 담당자 외에는 손대지 말 것
- 실험기기 사용의 제반사항을 반드시 준수할 것
- 폭발물이나 스파크 등이 발생하는 위험한 실험인 경우에는 실험 책임자의 입회하에 실험하도록 할 것
- 인화성 물질을 사용하는 실험실에는 화기 엄금토록 하며, 구급 및 소방장비 유지에 철저를 기할 것(소화기, 화재경보장치, 구급약품)
- 인화성 물질(유류 및 가스)은 공기의 유통이 잘되고 사람의 접근이 많지 않은 곳에 격리시켜 보관할 것
- 통제구역은 허가없이 출입하지 말 것이며, 출입해야 할 시에는 통제구역 관리책임자의 승인을 반드시 얻을 것

1.9 실험실의 안전수칙

- 실험실 기기의 작업 및 조작은 지정된 순서를 정확히 따를 것
- 실험실 기기의 전기 스위치를 넣기 전에 안전을 확인할 것
- 실험실 기기 사용 종료시에는 반드시 전원을 차단할 것

- 젖은 손이나 맨발로 전기기기 및 전기배선에 접촉하지 말 것
- 실험실 기기의 퓨즈에 도선이나 철선을 사용하지 말 것
- 모든 실험실 기기의 접지를 철저히 할 것
- 이동전선에는 캡타이어 케이블을 사용할 것
- 실험실 기기의 수리, 이동은 전원을 끄고 실시할 것
- 실험실 기기 및 실험실의 누전차단기, 누전화재경보기의 테스트 버튼을 정기적으로 점검할 것
- 실험실 기기의 충전부분은 노출되지 않도록 조치할 것
- 고압선 가까이에서는 작업하지 말 것
- 실험실 기기에 이상이 있으면 전기안전 관리자에게 연락할 것

제 2 장

전기기초실습

01 전기의 발생

1.1 전기와 전자

(1) 전기의 대전

전기에는 플러스(+)와 마이너스(—)가 존재하는데 세상의 모든 물질은 이 두 종류의 (+), (—)의 전기가 같은 양으로 존재한다. 그러므로 평상시에는 전기가 없는 것으로 보인다. 예를 들면 책받침 속에 (+)전기가 10개, (—)전기가 10개 있다고 가정하면 +10—10=0으로 되어 결국 전기가 존재하지 않는다고 말할 수 있다.

그러나 어떤 물질을 서로간에 문지르면 마찰 힘에 의하여 모피에서 책받침으로 (—)전기가 이동하여 책받침은 (—)전기로 대전되고, (—)전기가 튀어나간 모피에는 (+)전기가 많이 남아 있기 때문에 모피에는 (+)전기로 대전되었다고 말할 수 있다.

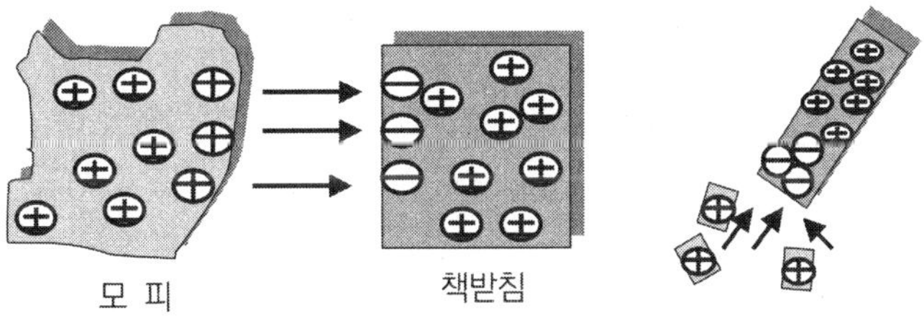

[그림 2-1] 물체의 대전

이때 책받침에 대전된 (—)전기는 어떤 물체가 접근하면 그 물체 중에 (+)전기에 의해서 책받침과 물체간에는 흡인력을 발생한다.

이와같이 다른 2개의 물질을 마찰하였을 때 어느 쪽이 (+)로 대전하고 어느 쪽이 (—)로 대전하는가를 나타낸 것을 정전서열이라 한다. [그림 2-2]는 여러 물질간에 정전서열을 나타낸다.

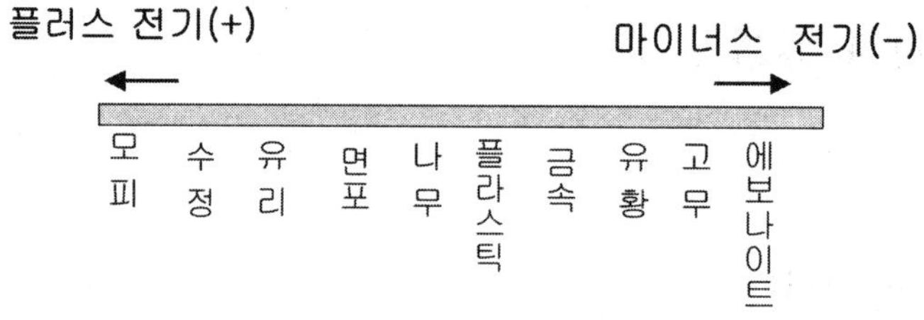

[그림 2-2] 물질간의 정전서열

(2) 전자와 양성자

지구상의 모든 물질은 분자라는 작은 입자로 만들어져 있다. 그리고 그 물질을 형성하는 원소는 100여종으로 알려져 있으며, 이들 원소는 각각 원소 고유의 원자구조를 가지고 있다. 원자구조는 [그림 2-3]과 같이 (+)를 갖는 원자핵을 중심으로 그 주위를 (—)전기를 가진 전자가 돌고 있다.

이 전자 수는 원자 종류에 따라 각각 다르게 구성되어 있다. 예를 들면 수소원자는 전자 1개, 탄소원자는 전자 6개, 구리원자는 29개의 전자로 구성되어 있다. 전자가 가지는 (—)전기와 핵 속에 있는 (+) 전기량은 같으므로 원자 자체에는 전기가 존재하지 않는 것(중성자)으로 보인다.

(+)전기의 원자핵은 전자보다 1,840배 무겁기 때문에 원자 내부에 안정된 부분을 형성하고, (—)전기의 전자는 마치 태양궤도를 도는 혹성과 같이 원자궤도를 형성하고 있다.

원자핵의 흡인력에 의해 전자궤도는 안정을 유지하고 있으나 원자핵에 약하게 결합된 전자는 외부의 에너지에 의해 원자의 구속력에서 벗어나 궤도를 이탈하여 자유로이 운동하게 되는데 이를 자유전자라고 한다. 자유전자의 수가 많은 것이 도체이고 적은 것이 절연체로 볼 수 있다. 구리선은 한 원자에서 다른 원자로 쉽게 이탈(이동)할 수 있어 전기를 쉽게 흐를 수 있는 물질이다.

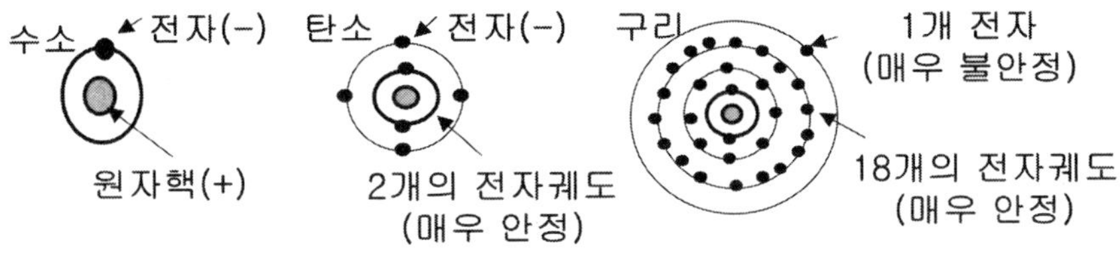

[그림 2-3] 각 원자의 전자궤도

(3) 전자의 이동

[그림 2-4]에서 구리선 속의 자유전자는 전선 양단에 접속된 기전력에 의해 (—)전자는 (—)와는 반발력, (+)와는 흡인력에 의해 (+)전원 쪽으로 이동한다.

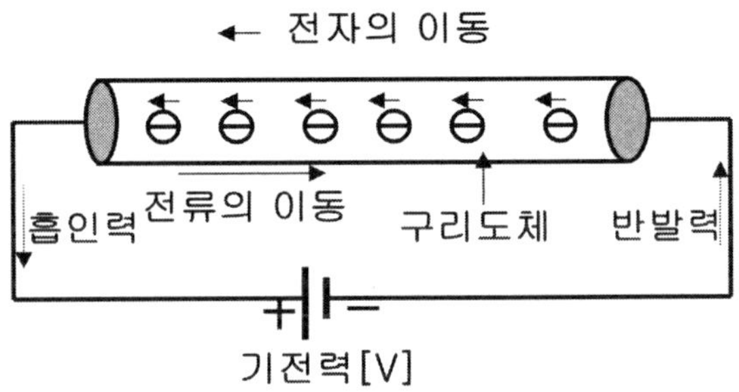

[그림 2-4] 전자의 이동

그러나 일반적으로 "전류는 전자의 흐름과 반대이다"라고 정의하므로 [그림 2-4]와 같이 (+)전원 쪽에서 (—)전원 쪽으로 전류가 흐른다.

구리도체 내에서 전자가 통과한다고 하면 물질 내에서 이리저리 전자간에 충돌되면서 이동하게 되는데 결국 이 충돌작용이 도체가 갖는 저항이라 할 수 있다.

(4) 도체와 부도체

도체와 부도체는 전기를 통하는 물질의 원자구조에 의해 결정된다. 어떤 재료에 일정전압을 걸었을 때 전기가 잘 통하는 것은 원자 내에 있는 전자가 쉽게 이동하기 때문이다. 구리의 원자 구조는 [그림 2-5]와 같이 가장 최외곽측 전자가 1개이므로 전압을 가하면 전자가 쉽게 이탈하여 (+)쪽으로 이끌려간다. 이에 반하여 부도체는 최외곽 전자가 원자핵에 강하게 결합되어 전압을 가해도 전자가 움직이지 않아 전자의 흐름을 어렵게 한다.

그러므로 도체는 최외곽 궤도의 자유전자 흐름이 용이하여 전류가 쉽게 흐르고 부도체는 자유전자 흐름이 어려워 전류의 흐름을 어렵게 한다.

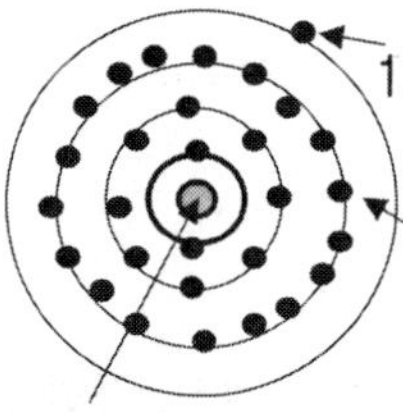

[그림 2-5] 구리원자의 구조

- 도체 : 어떤 물질에서 전자가 원자와 원자 사이를 자유롭게 이동할 수 있을 때 이를 도체라 한다(금속, 구리, 은).
- 절연체 : 전자가 자신의 궤도에 머물려고 하는 원자로 구성된 물체이며 전류의 흐름을 저지할 필요가 있을 때 사용한다(고무, 종이, 운모, 플라스틱, 유리).
- 반도체 : 도체보다는 전기를 적게 통하고 절연체보다는 전기를 잘 통하게 한다(탄소, 게르마늄, 실리콘).
- 유전체 : 절연체는 도체보다 전기를 축적하는 능력을 가지고 있다. 유리, 플라스틱, 운모, 종이와 같은 물질인데 이는 전하를 저장할 수 있음을 의미한다. 콘덴서와 같이 전하를 저장할 필요가 있을 때 도체는 사용할 수 없으므로 유전물질을 사용한다.

1.2 전압, 저항, 전류

(1) 전 류

전선 속의 전자의 이동을 전류의 이동이라 할 수 있다. 원자핵에 약하게 구속된 자유전자는 외부의 힘, 즉 전선 양단에 (+) 혹은 (—)로 대전된 에너지를 연결하면 전선 속의 자유전자는 (+)에는 흡인력, (—)에는 반발력이 발생하여 전자의 흐름이 발생된다.

전선 속의 전류의 크기는 전선의 한점을 1초간에 통과하는 전하의 양으로 나타낸다. 그 단위는 암페어[A : Ampere]를 사용한다.

전류 [I] = 전하량[C]/시간[t]

(2) 전 압

물이 담긴 A, B의 통을 파이프로 연결하면 물은 수위가 높은 곳에서 낮은 쪽으로 흐른다. 이때 물의 세기는 통 A, B의 수위차에 의해 결정된다. 마찬가지로 전선 A에서 B로 전류가 흐르는 것은 A쪽이 B쪽보다 전기의 압력, 즉 전압이 높다는 것을 의미한다. 전압의 단위는 볼트[V : Voltage]를 사용한다.

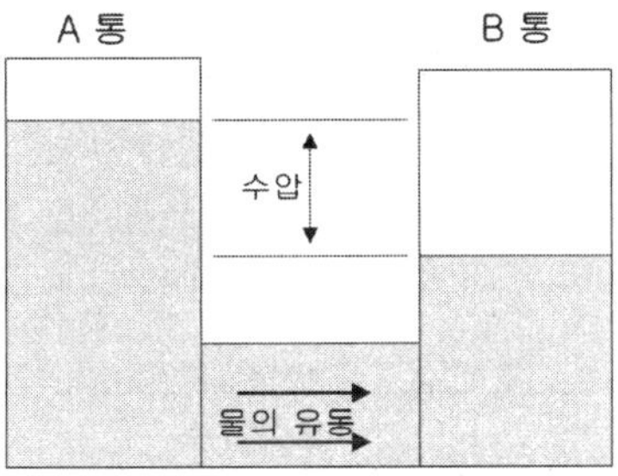

(a) 물의 흐름

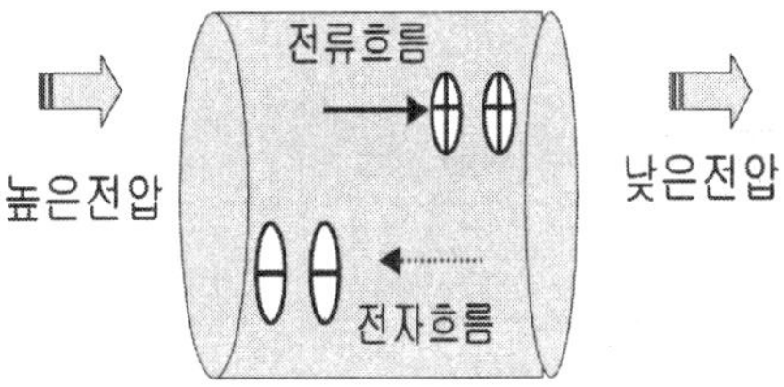

(b) 전류의 흐름

[그림 2-6] 전기의 압력

파이프에 지속적으로 물을 흐르게 하려면 펌프로 물을 공급하여 수위차를 만들어주면 된다. 전기의 경우도 전류를 계속해서 흐르게 하려면 전압을 만들어내어야 한다. 이 전압을 만들어내는 힘을 기전력이라 하며, 기전력을 만들어내는 힘을 전원이라 한다.

(3) 저 항

파이프에 물이 흐를 때 파이프의 길이가 굵고 길이가 짧으면 물이 흐르기 쉽다. 그러나 파이프가 길고 가늘면 물이 흐르기가 어렵다. 이것은 파이프의 상태에 따라 물의 흐름이 방해받으므로 이를 파이프가 가지는 저항이라 할 수 있다. 마찬가지로 전선에도 전류의 흐름을 방해하는 성질이 있다. 이것을 전선이 가지는 저항이라 하며, 단위를 옴[Ω : Ohm]이라 한다.

전선 내에 전류가 흐를 때 자유전자와의 충돌로 인하여 전선에는 많은 열이 발생할뿐만 아니라 전류 흐름의 감소로 효율적인 전기의 전달을 행하지 못한다. 그러므로 전선의 저항은 작을수록 효율적인 에너지 전달을 행할 수 있다.

저항의 특징은 전선의 단면적이 굵을수록 저항이 작고 전류는 잘 흐르며, 길이가 짧을수록 저항이 작고 전류가 흐르기 쉽다.

즉 길이가 2배가 되면 저항도 2배가 되고, 단면적이 2배가 되면 저항은 1/2배가 된다. 그러므로 저항은 도체의 저항율과 길이, 단면적에 따라 다음과 같이 구할 수 있다.

$$저항[\Omega]=저항률[\mu\Omega]\times 길이[cm]\div 단면적[cm^2]$$

니크롬선은 니켈(80%), 크롬(약18%), 망간(약2%)의 합금으로 된 고저항선으로 고온에서도 산화되지 않으므로 전열기나 헤어드라이기의 발열체로 주로 사용된다.

표 2-1 도체의 도전비율[%]

도체종류	도전비율	도체종류	도전비율
은	104	아연	28
구리	100	철	17
금	70	납	9
알루미늄	65	니크롬	1.7
텅스텐	30		

표 2-2 도체의 저항률

도체종류	저항율[$\mu\Omega$]	도체종류	저항율[$\mu\Omega$]
은	1.62	황동	5.7
구리	1.69	철	10.1
금	2.40	강철	20.6
알루미늄	2.62	납	21.9
텅스텐	5.48	니크롬	100

1.3 전기 측정

(1) 저항 측정

1[Ω]의 저항이란 1[V]의 전압을 걸었을 때 1[A]의 전류가 흐르는 물질로 정의할 수 있다. 저항을 측정하는 경우 테스터 셀렉터를 [Ω]측에 놓는다. 저항 레인지(range)는 ×1, ×10, ×1k, ×10k로 되어 있는 것 중 ×1에 맞춘다. 아날로그 테스터인 경우 테스터 봉 끝을 쇼트시켜 바늘이 눈금판 0[Ω]을 지시하도록 0점 조절기를 조정한다. 원하는 저항을 테스터 양단에 연결하고 바늘이 지시하는 값을 읽는다. 이때 테스터 레인지를 고려하여 배수값을 읽을 수 있도록 주의하여야 한다.

저항은 저항의 크기를 변화시킬 수 없는 고정저항과 저항의 크기를 변화시킬 수 있는 가변저항이 있다. 일반적으로 고정저항은 색띠를 이용하여 저항의 크기와 허용오차를 판독할 수 있다. 〈표 2-3〉은 컬러코드의 색과 저항값을 나타내며, [그림 2-7]은 저항의 색띠를 나타낸다.

표 2-3 저항의 색과 저항값

구분	제1색 및 제2색	제3색	제4색	제5색
흑색	0	10^0		
갈색	1	10^1		1%
적색	2	10^2		0.1%
등색	3	10^3		0.01%
황색	4	10^4		0.001%
녹색	5	10^5		
청색	6	10^6		
자색	7	10^7		
회색	8	10^8		
백색	9	10^9		
금색		10^{-1}	±5%	
은색		10^{-2}	±10%	
무색			±20%	

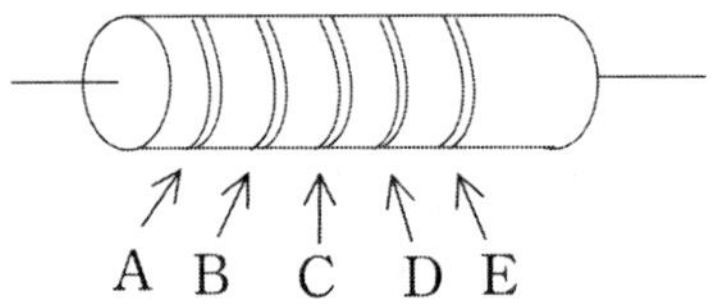

A : 제1색으로 저항의 첫째 자리값
B : 제2색으로 저항의 둘째 자리값
C : 제3색의 저항의 제곱값
D : 제4색의 저항의 허용오차값
E : 제5색으로 저항의 신뢰도값

[그림 2-7] 저항의 색띠

저항의 나열법은 10, 15, 22, 33, 47, 68, 100, 150, 220, ...의 숫자로 나열되어 있으며 증가방법에는 규칙이 있다. 즉 1.46배로 증가하게 되면서 6번째에 비로소 10배로 된다.

저항은 크기, 종류에 따라 소비전력이 각각 다르다. 예를 들어 소비전력 1/2[w], 10[Ω]의 저항을 6[V]전압에 연결하여 사용하는 경우 0.6[A]가 흐르게 되고, 그때 소비전력은 약 3.6[w]가 되어 그 저항은 곧바로 소손하게 되므로 저항 사용시 유의하여야 한다.

(2) 전압 · 전류 측정

저항을 측정하는 방법을 알았으므로 이번에는 전압과 전류를 측정하도록 한다. 테스터의 셀렉터 스위치를 DCV의 레인지에 적당히 돌려 맞추고(예상되는 전압, 전류값을 고려하여 큰 값으로 우선 조정) [그림 2-8]과 같이 테스터 적색단자를 (+)극성에, 흑색단자는 (−)극성에 연결하고 바늘이 지시한 값을 읽는다. 이때 지시값과 레인지의 배율을 고려하여야 정확한 값을 측정할 수 있다.

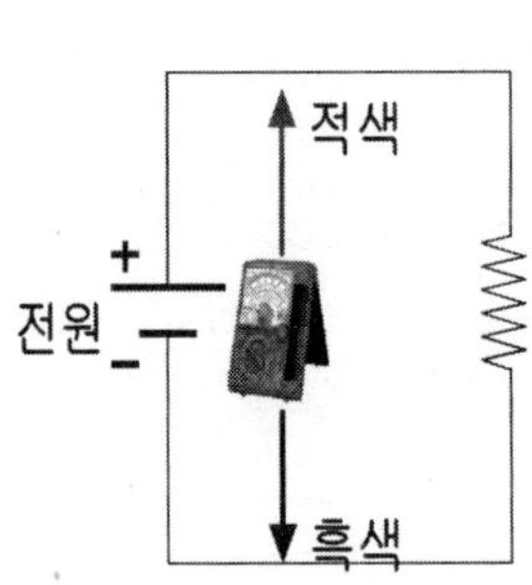

[그림 2-8] 전압값 측정회로

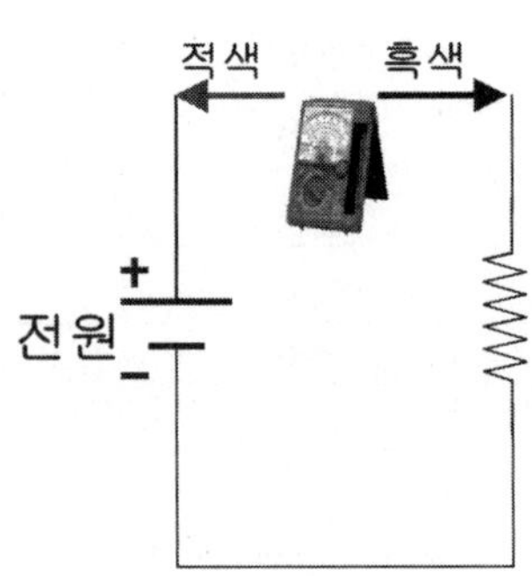

[그림 2-9] 전류값 측정회로

전류를 측정하는 경우 테스터의 셀렉터를 DCmA의 가장 큰 레인지로 돌려놓는다. 이때 테스터는 250[mA]로 0.25[A]의 전류계가 되므로 최고 0.25[A]까지 측정할 수 있다. 테스터(전류계)를 (+)극 쪽으로 연결하거나 (—)극 쪽으로 연결해서 측정해도 항상 같은 값을 나타나게 된다. 이때 전류계의 내부저항은 0[Ω]이므로 회로에 흐르는 전류가 전압강하에 큰 영향은 없을 것이다.

다시 한번 정리하면 전압계는 원하는 두 단자간을 측정하면 되지만 전류측정은 그 회로를 통하는 전류값을 측정하는 것이므로 해당 회로를 절단하여 그 사이에 전류계를 연결해야 한다는 것을 명심하여야 한다.

(3) 전압 · 전류 · 저항의 관계

[그림 2-10]에서 1[V]의 전압을 인가하는 겨우 1[A]의 전류가 흐르게 되면 저항이 1[Ω]이 된다.

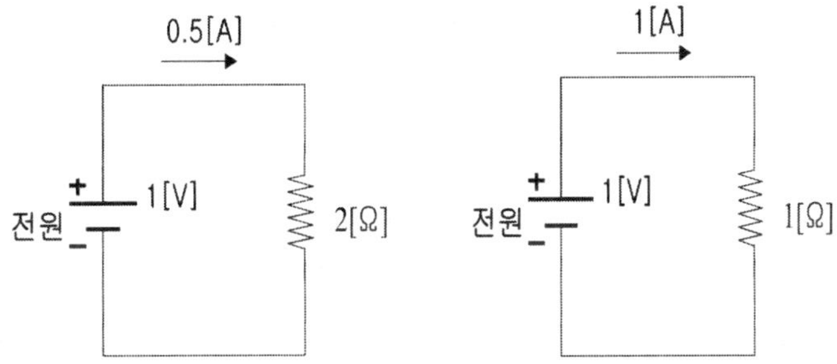

(a) 저항 1[Ω] (b) 저항 2[Ω]

[그림 2-10] 부하저항 변화회로

그러나 전압을 2[V]로 높여주면 전류가 커져 전류는 전압에 비례함을 알 수 있다. 이와는 반대로 1[V] 전압에 저항을 2[Ω] 증가하는 경우 흐르는 전류는 0.5[A]로 감소되어 저항에 반비례한다. 이와같이 전압 · 전류 · 저항의 관계를 정리한 이론이 옴의 법칙이다. 이 관계는 전압 · 전류 · 저항 중 2개만 알고 있으면 나머지 1개는 쉽게 구할 수 있다. 이 관계를 식으로 나타내면 다음과 같다.

전류[A] = 전압[V] ÷ 저항[Ω]

전압[V] = 전류[A] × 저항[Ω]

저항[Ω] = 전압[V] ÷ 전류[A]

〈표 2-4〉는 전압·전류·저항별 단위관계를 나타낸다.

표 2-4 전압 · 전류 · 저항 단위

구분	단위	읽는 법	단위의 관계
전압	[kV]	킬로볼트	1[kV]=1,000[V]
	[V]	볼트	
	[mV]	밀리볼트	1[mV]=0.001[V]
	[μV]	마이크로볼트	1[μV]=0.000001[V]
전류	[A]	암페어	
	[mA]	밀리암페어	1[mA]=0.001[A]
	[μA]	마이크로암페어	1[μA]=0.000001[A]
저항	[Ω]	옴	
	[kΩ]	킬로옴	1[kΩ]=1,000[Ω]
	[MΩ]	메가옴	1[MΩ]=1,000,000[Ω]

1.4 전원과 부하

전기 에너지원은 건전지나 발전기 등 여러 종류의 전원이 있으며, 그러한 에너지원으로부터 공급받아 냉장고, 에어콘, 선풍기 등 에너지를 소비하는 부하가 있다.

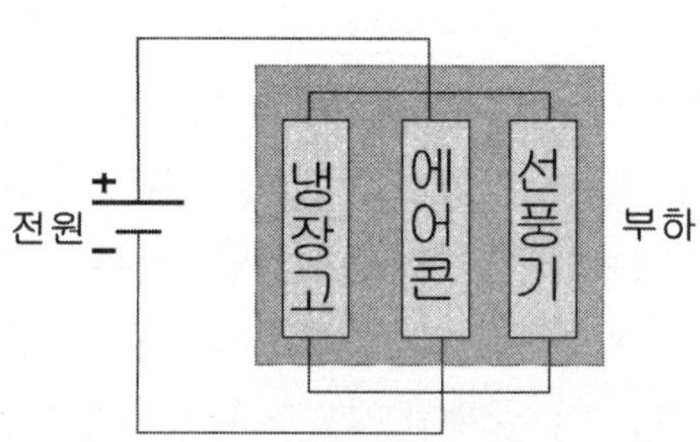

[그림 2-11] 전원과 부하

전기를 사용하여 전등을 켜거나 전동기를 움직이는데 이러한 작용은 전기의 힘에 의한 것으로 전력이라 한다. 전력의 문자기호는 P이고, 단위는 [w]이다. [w]수가 클수록 큰 전력이 나오거나(전원), 많은 에너지를 소비(부하)한다.

전기를 많이 사용한다([w]수가 크다) 하는 것은 큰 전류가 흐르는 것을 의미하며, 큰 전류를 흐르기 위해서는 높은 전압이 필요하게 된다. 결국 [w]수는 전압과 전류에 비례하며 다음과 같이 표시한다.

전력 P[w] = 전압 E[V] × 전류 I[A]

이 식을 옴의 법칙에 대입하면 다음 식을 구할 수 있다.

$$P = E \times I \ [w]$$
$$P = I^2 \times R \ [w]$$
$$P = E^2 \div R \ [w]$$

가정에서 사용되는 전력량은 사용전력을 몇 시간 사용하였는가를 누적하여 계산한 것이다. 따라서 전력량은 [w]×[t](와트×시간)를 기본단위로 하며, 보통 kwh(킬로와트×시간)의 단위를 사용한다.

1.5 줄의 법칙

일반적으로 1초간에 하는 일을 일률이라 하며, 전류가 1초간에 하는 일을 전류의 일률, 즉 전력이라 한다. 전선에 전자가 흐를 경우 도체 속 자유전자는 도체를 구성하고 있는 금속원자와 충돌하여 열이 발생하는데 이를 도체의 줄열이라 한다. 줄의 법칙에 의하면 도체에 전류가 흐를 때 발생하는 열량은 도체에 흐르는 전류의 제곱과 저항을 곱한 값에 비례하다는 것이다.

줄열량(H) = 전류$(I)^2$ × 저항(R) × 시간(t) [Joule]

1줄은 0.24[cal]이므로

줄열량(H) = 0.24 × 전류$(I)^2$ × 저항(R) × 시간(t) [cal]

어느 도체에 가해지는 전압을 E[V], 전류를 I[A]라 하면 1초간에 발생하는 열량은 E×I [J]이다. 그러므로 전력량과 열량을 환산하면 다음과 같다.

$$1[w] = 1[J]/1[t] = 0.24[cal]/1[t]$$
$$1[kw] = 1000[J]/1[t] = 0.24[kcal]/1[t]$$
$$\begin{aligned}1[kwh] &= 1000[w]\times 3600[t]\\ &= 1000\times 3600[w][t] = 1000\times 3600[J]\\ &= 0.24\times 1000\times 3600[cal]\\ &= 860000[cal] = 860[kcal]\end{aligned}$$

1.6 와트[w]와 마력(Hp)

발전기 엔진, 전동기 등의 기계적 출력의 단위는 일반적으로 마력을 사용한다. 기계적 출력이란 1초 동안 기계가 한 일을 나타내며, 그 기호로는 [Hp]를 사용한다. 즉, 1[Hp]란 75[㎏]의 무게를 1초간에 1[m] 들어올리는 일률을 말한다.

발전기의 1[Hp]의 기계적 출력은 746[w]의 전력을 발생하는 힘이 되며, 전동기가 1[Hp]의 힘을 내기 위해서는 736[w]의 전력이 소비되는 것과 같다.

1.7 직류와 교류

직류(DC : Direct Current)는 전류의 흐름이 한 방향으로만 흐르기 때문에 계측기 사용시 (+), (—) 방향을 유의하여야 한다. 이에 반하여 교류(AC : Alternate Current)는 전원의 극성이 주기적으로 변하고, 이에 따라 전류의 진행 방향도 같이 변화한다.

우리가 사용하는 교류전원은 1초에 60번 방향이 바뀌기 때문에 극성이 있다고 말할 수 없다. 즉 교류전원은 (+), (—)가 없다.

1.8 건전지의 원리

건전지는 [그림 2-12]와 같이 아연판과 동판이 전해액에 넣어져 있는 구조로 되어 있다. 전해액에 금속을 넣으면 아연판인 경우 그림과 같이 원자 1개가 용해되는 경우 자체물질에 전자 2개(—)를 남긴다. 그 결과 아연판은 (—) 성질로 변화되고 녹아 나온 원자는 (+)성질을 띠면서 동판으로 이동한다. 결과적으로 아연판은

(—)극성을 띠게 되고 동판은 (+)가 용해되어 모이게 되므로 (+)극성을 갖는다.

이와같이 물질이 녹아 (+), (—)성질을 띠는 것을 전리라 하며, 이때 동판과 아연판 사이를 동선으로 연결하면 전류가 흐르는 것을 알 수 있다.

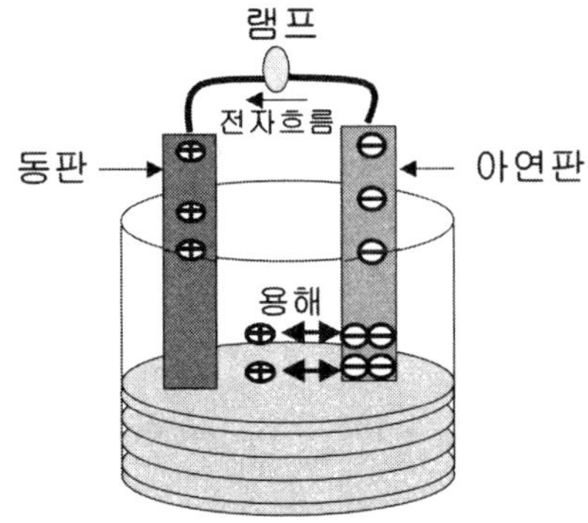

[그림 2-12] 건전지의 원리

(1) 산화은전지

(+)극에 철, (—)극에 아연, 전해질에 알칼리, 감극제로 산화은을 사용한 전지이다. 일반적으로 기전력이 1.5[V]로 망간건전지(일반건전지)와 같지만 방전특성이 우수하므로 수명이 끝나기 직전까지 전압이 낮아지지 않아 시계나 카메라 등에 사용된다.

(2) 니켈-카드뮴전지

니켈을 (+), 카드뮴을 (—), 전해액으로 알칼리를 사용한 전지이다. 산화전지는 감극제 재료명이 붙여진 이름이지만 이 전지는 전극판의 이름을 붙인 것이다. 기전력은 1.25[V]로 산화은전지보다 낮지만 방전특성은 거의 같다. 니켈-카드뮴전지의 가장 큰 특징은 망간전지나 수은전지와는 달리 충전이 가능하다는 것이다. 약 300회 정도 반복하여 사용할 수 있다.

그리고 리튬전지나 니켈-수소전지 중에는 충전식으로 되어 있는 것도 있다. 한 번 쓰고 버리는 전지를 1차 전지, 충전하여 몇 번이고 사용할 수 있는 전지를 2차 전지라 한다.

전기기초실험에 사용되는 기본적인 단위의 접두어는 〈표 2-5〉와 같다.

표 2-5 기본적인 단위의 접두어

물리량	저항	전류	전압	전하량	정전용량	인덕턴스	자속
단위	ohm[Ω]	ampere[A]	volt[V]	coulomb[C]	farad[F]	henry[H]	weber[Wb]

그리고 전기단위계에서 일반적으로 사용되는 CGS 단위는 〈표 2-6〉과 같다.

표 2-6 기본적인 CGS 단위

단위	pico	nano	micro	milli	centi	deci	deca	hecto	kilo	mega	giga	tera
표기	p	n	μ	m	c	d	da	h	k	M	G	T
의미	10^{-12}	10^{-9}	10^{-6}	10^{-3}	10^{-2}	10^{-1}	10^{1}	10^{2}	10^{3}	10^{6}	10^{9}	10^{12}

02 옴의 법칙

2.1 전압 · 전류 · 저항의 관계

옴의 법칙을 실험하기 위하여 [그림 2-13]과 같이 전구저항 R에 전압을 공급하고, 아래 식이 성립되는가를 알아본다.

$$I = V \div R$$

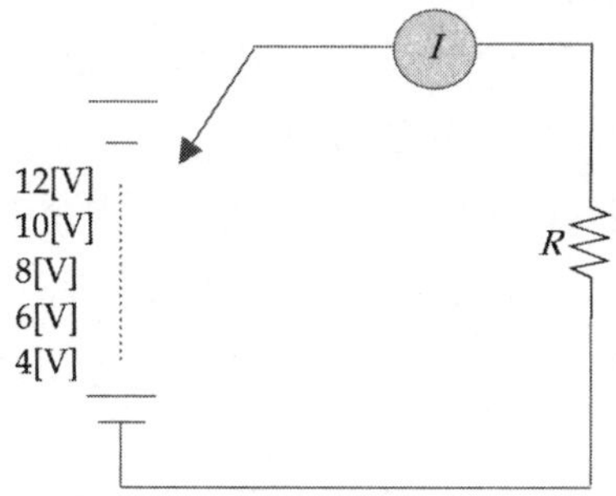

[그림 2-13]

저항이 일정하고 전압이 변화하면 전류가 변화한다. [그림 2-13]에서 전구 R의 밝기가 변화하는 것은 공급전압의 변화에 의하여 전류가 변화하고 있는 것이다.

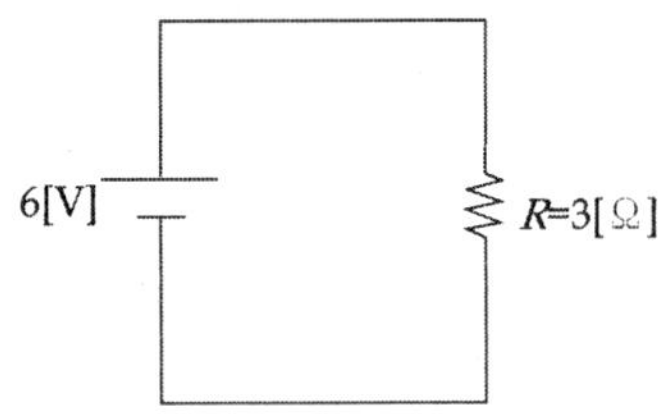

[그림 2-14]

$$I = V/R = 6/3 = 2[A]$$
$$V = I \times R = 2 \times 3 = 6[V]$$
$$R = V/I = 6/2 = 3[\Omega]$$

그러므로 3개 중 2개를 알면 다른 1개도 알 수 있다.
도선저항을 무시하는 경우 전지전압과 저항양단 전압은 같다.

$$1[A] = 1[V]/1[\Omega],\ 1[V] = 1[A] \times 1[\Omega],\ 1[\Omega] = 1[V]/1[A]$$

예제 5[kΩ]에 8[mA]의 전류가 흐를 때 전압은?
전압$=I \times R = 8[mA] \times 5[k\Omega] = 40[V]$
M(mega) : 10^6 5[MΩ]= 5×1,000,000[Ω]
k(kilo) : 10^3 18[kV]=18×1,000[V]
m(milli) : 10^{-3} 48[mA]=48÷1,000[A]
μ(micro) : 10^{-6} 15[μV]=15÷1,000[V]

예제 12[kΩ] 저항 양단에 60[V] 전압을 가하면 몇 [A] 전류가 흐르는가?
$I = V/R = 60/12 \times 10^3 = 5 \times 10^{-3} = 5[mA]$

2.2 전력의 값

전력의 단위는 James Watt의 이름을 따서 와트(watt)[w]라 부른다. 1[w]는 1초 동안에 1[V]의 전위차에 의하여 1[C]의 전하를 옮기는 데 소요한 일과 같다.

$$P = 1[V] \times [C/t] = 1[V] \times 1[A]$$

6[V]의 전원회로에서 2[A]의 전류가 흐르면 12[w] 전력을 발생시키는 것과 같다.

예제 선풍기에 120[V]의 전압을 가하여 10[A]의 전류가 흐르면 소비되는 전력은?

$P = 120 \times 10 = 1200$[w]

예제 전구에 120[V] 전압을 가하여 300[w] 전력을 소비하면 이때 흐르는 전류는 몇 [A]인가?

$P = V \times I$, $I = P/V = 300/120 = 2.5$[A]

2.3 전력량

전기적인 일을 표현한 것으로 전력의 단위 [w]와 시간 [H]으로 표현한다.

300[w] 전구를 4시간 사용하면 300×4=1200[w]

일	kg×m	중량×거리
힘	kg×m	중량×거리/시간
전력	일/시간	=전하×전압/시간

그러므로 일은 전력×시간이다.

2.4 저항에서 전력소비

전력은 저항에서 소비된다.

$$P = VI = IR \times I = I^2 \times R$$

또는 $$P = VI = V \times V/R = V^2/R$$

다음 회로의 소비되는 전력은 $VI = I^2 \times R = V^2/R = 120$[w]이다.

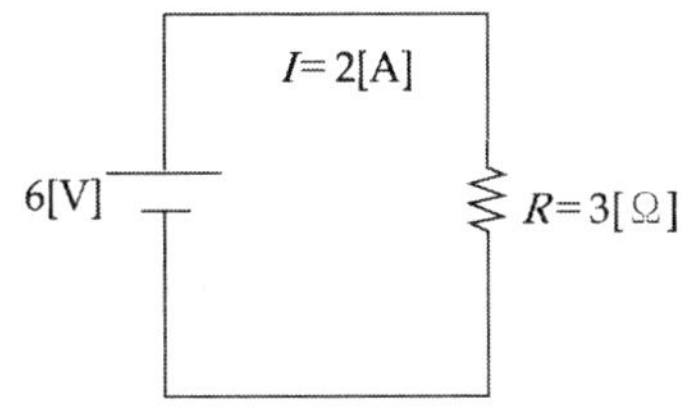

[그림 2-15]

예제 50[Ω]의 저항에 100[V]의 전압을 가하여 2[A]의 전류가 흐를 때 소비되는 전력은? $I^2 \times R = 4 \times 50 = 200$[w]

예제 25[Ω]의 저항에 100[V]의 전압을 가하여 4[A]의 전류가 흐를 때 소비되는 전력은? $I^2 \times R = 16 \times 25 = 400$[w]

예제 600[w], 100[V] 토스터기에는 몇 [A]의 전류가 흐르는가? $I = P/V = 600/100 = 6$[A]

예제 600[w], 100[V] 토스터기에는 몇 [Ω]의 저항을 가지고 있는가? $R = V^2/P = 10000/600 = 16.7$[Ω]

03 직렬회로

직렬회로는 [그림 2-16]과 같이 한 소자의 끝과 다른 소자의 끝이 연속적으로 연결되어 있는 회로이다. 이 회로는 전자(혹은 전류)가 흐를 수 있는 길이 하나밖에 없다.

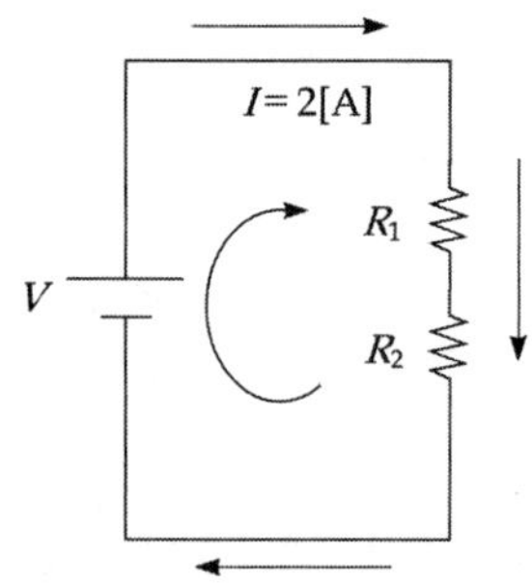

[그림 2-16] 직렬회로

직렬회로에서 모든 폐회로 내에서의 전자는 같은 속도와 같은 양을 가지고 회로 내를 이동한다. 따라서 직렬회로에서 모든 부분을 통과하는 전류의 크기는 동일하다. 각 소자의 접속순서를 바꾸어도 전류값은 변화하지 않는다.

옴의 법칙에 의하여 직렬회로에서 두 점 사이를 통과하는 전류값은 두 점 사이에 걸린 값을 저항값으로 나눈값과 같다.

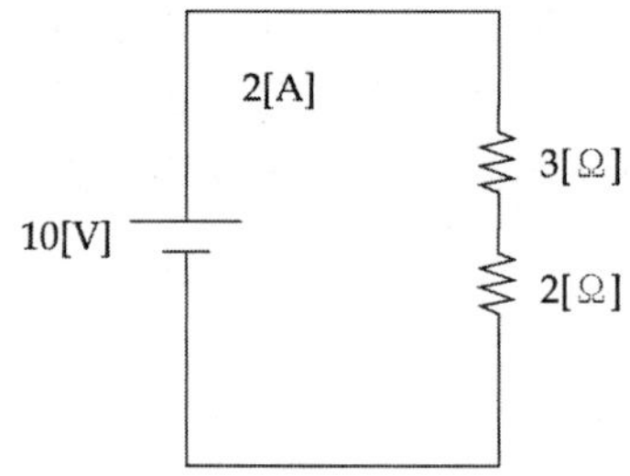

[그림 2-17]

3.1 직렬저항 공식

직렬회로에서의 합성저항은 각각의 저항의 합과 같다. 이를 공식으로 표현하면 다음과 같다.

$$\text{합성저항 } R_T = R_1 + R_2 + R_3 + \cdots\cdots R_N$$

직렬회로에서

$I = V/R_T$
V : 전원전압
R_T : 직렬회로에서의 합성저항
I : 직렬회로에서 모든 저항을 통과하는 값

> **예제** 저항 R_1, R_2는 5[Ω]이고, R_3는 10[Ω]이 직렬로 연결될 때 합성저항 R_T는?
> 20[Ω]

> **예제** 위 예제에서 직렬회로 양단에 80[V]의 전압을 인가했을 때 R_3에 흐르는 전류는? $I = V/R_T = 80/20 = 4[A]$
>
> 여기서 4[A]의 전류는 직렬회로에서의 R_1, R_2, R_3 어느 부분에서도 동일하다. 저항이 증가할수록 전류는 감소한다.

3.2 전압강하

저항을 통하여 전류가 흐를 때(일을 수행한다) 옴의 법칙에 의하여 저항 양단에는 $I \times R$에 상당하는 전압강하가 생긴다.

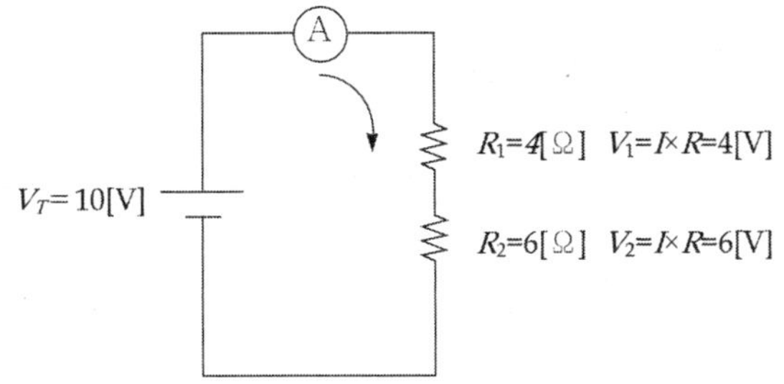

[그림 2-18] 전압강하

R_1=4[Ω] R_2=6[Ω]이 연결된 회로에 흐르는 전류는 합성저항 R_T에 10[V]의 전압이 인가되었을 때 1[A]가 된다.

결국 전류는 1[A]이므로 R_1에서의 전압강하는 1[A]×4[Ω] = 4[V]이고, R_2에서의 전압강하는 1[A]×6[Ω] = 6[V]이다.

저항양단에 걸리는 전압 = 전압강하

각각의 저항에 의하여 전위차(전압)는 감소한다.

R_2는 R_1보다 큰 저항값을 가지고 있기 때문에 같은 양의 전류를 흐르기 위해서는 보다 큰 전위차가 있어야 한다.

직렬저항의 전압강하의 총합은 인가전압과 같다.

$V_T = V_1 + V_2 + V_3 \cdots\cdots\cdots\cdots V_T$

예제 20[Ω] R_1에 걸리는 전압은 40[V], 30[Ω] R_2에 걸리는 전압강하는 60[V], 90[Ω] R_3에 걸리는 전압강하는 180[V]이고, 이들이 직렬로 연결되었을 때 공급전압은? 40+60+180=280[V]

예제 2개의 직렬저항 R_1, R_2 양단에 120[V] 전압을 공급하였을 때 R_1양단에 40[V]이면 R_2 양단에 걸리는 전압은? 80[V]

3.3 전압강하의 극성

저항양단에 전압강하가 존재할 경우 한 쪽 끝은 다른 쪽 끝에 비하여 높거나(+) 낮은(−) 전위를 갖는다. 즉 저항 양단에 전위차가 없으면 전압강하를 발생시키기 위한 전류는 흐르지 않는다. 이때 전압강하의 극성은 저항을 지나는 전류의 방향에 의하여 결정된다.

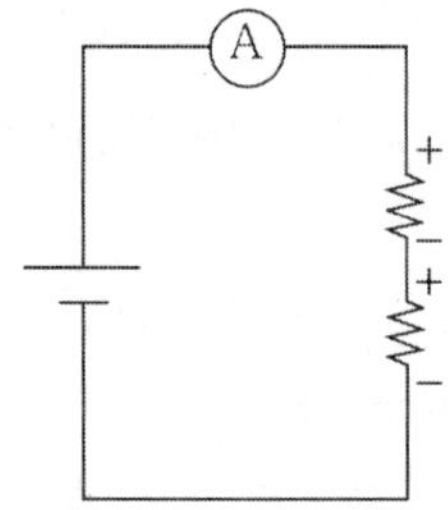

[그림 2-19] 전압강하의 극성

[그림 2-20]에서 회로에서 각각의 저항 R_1, R_2에 인가된 전압과 소비되는 전력을 생각해본다.

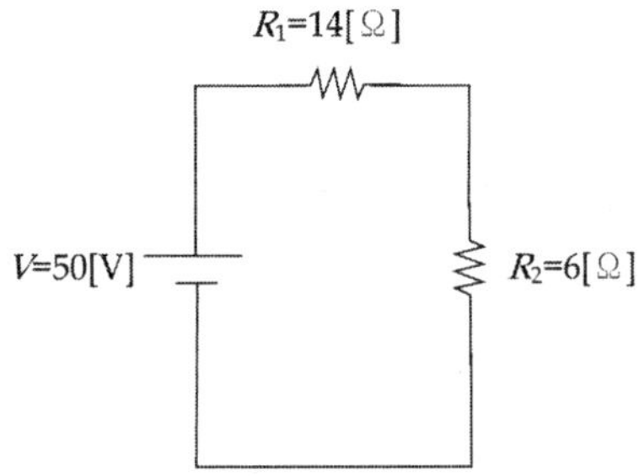

[그림 2-20] 직렬회로 해석

04 병렬회로

병렬회로는 저항에 전원이 각각에 직접 접속되어 있기 때문에 양쪽 저항의 전위차는 전원과 같은 전위차를 갖는다. 이는 서로 병렬로 접속되어 있는 요소들이 같은 전압을 공급받고 있음을 의미한다.

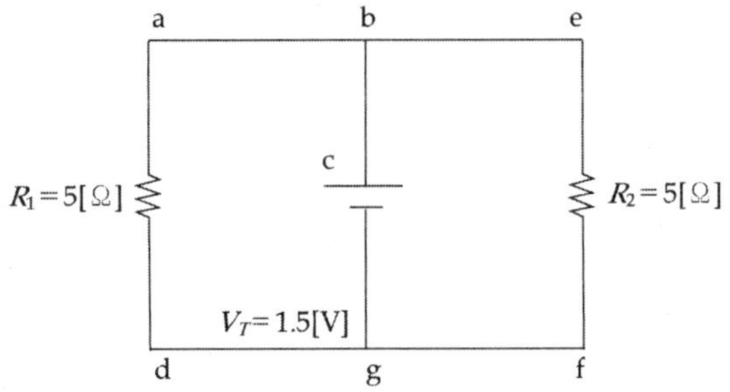

[그림 2-21] 병렬회로

[그림 2-21]에서 점 a, b, c, e는 +극과 같은 전위를 가진다. 즉 병렬연결에서는 모든 저항(부하)은 같은 전위를 가지며, 각 저항에 흐르는 지로전류는 저항에 따라 다르다(전자가 이동하는 길은 여러 갈래이다).

각 지로전류는 $I = V_T/R$

위 식은 병렬회로에서 각 지로전류는 전원전압에서 지로저항을 나눈 값이다. 저항 R_1을 통하여 흐르는 전류는 R_2와 같은 전압을 공급하더라도 다른 전류가 되는데 이는 각 지로의 저항값이 다르기 때문이다.

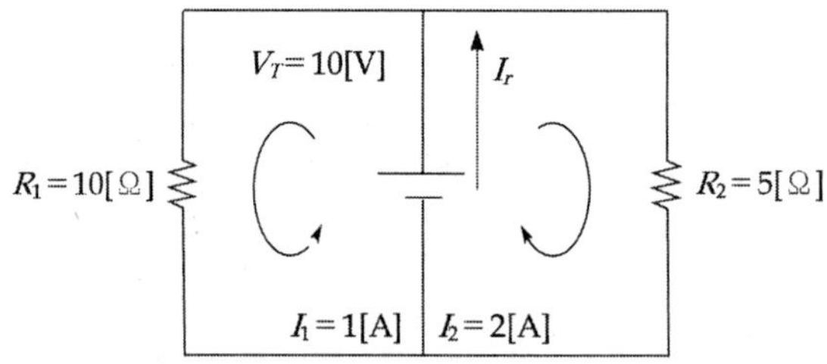

[그림 2-22]

전체전류 I_T는 지로전류의 합이다.

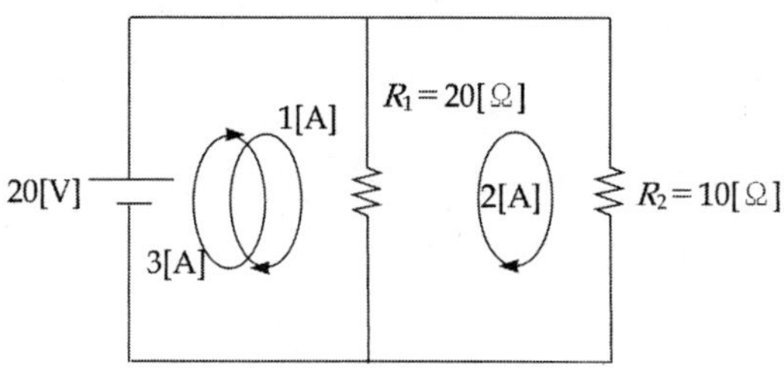

I_1=20/20=1[A]

I_2=20/10=2[A]

I_T=3[A]

[그림 2-23]

> **예제** R_1=20[Ω], R_2=40[Ω], R_3=60[Ω]이 120[V] 전원 양단에 병렬로 연결되어 있다. 합성전류 I_T는?
>
> I_1=120/20, I_2=120/40, I_3=120/60

4.1 병렬회로의 합성저항

병렬회로의 합성저항은 병렬회로 저항의 양단에 걸린 전압을 모든 지로에 흐르는 전류의 합으로 나눈 값이 합성저항값이 된다.

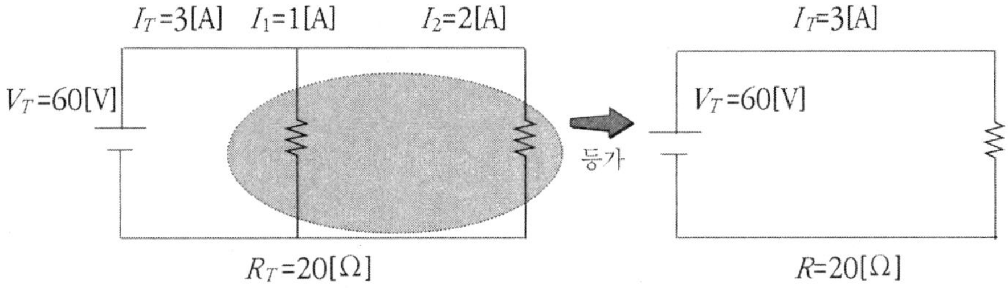

[그림 2-24] 병렬회로의 합성저항

합성저항 R_T는 전전류가 흐르는 것을 방해하고 있다.

$$R_T = \frac{60}{3} = 20[\Omega]$$

모든 병렬회로 합성저항의 전원에 연결된 전부하는 전원의 양단에 20[Ω]의 저항 1개를 연결한 것과 같다.

> **예제** 2개의 지로를 가진 병렬회로 양단에 90[V]의 전압을 가했을 때 각 지로에는 5[A] 전류가 흐른다. 이 회로의 합성저항은?
>
> $$R_T = \frac{90}{10} = 9[\Omega]$$

4.2 병렬저항 공식

합성전류는 각 지로전류의 합으로서

$$I_T = I_1 + I_2 + I_3 \cdots\cdots\cdots I_N$$

$I_T = \frac{V}{R_T}$로 합성저항을 구하여 얻을 수 있다.

$$\frac{V}{R_T} = \frac{V}{R_1} + \frac{V}{R_2} + \frac{V}{R_3} \cdots\cdots\cdots \frac{V}{R_N}$$

양변을 V로 나누면 다음과 같다.

$$\frac{1}{R_T} = \frac{1}{R_1} + \frac{1}{R_2} + \frac{1}{R_3} \cdots\cdots\cdots \frac{1}{R_N}$$

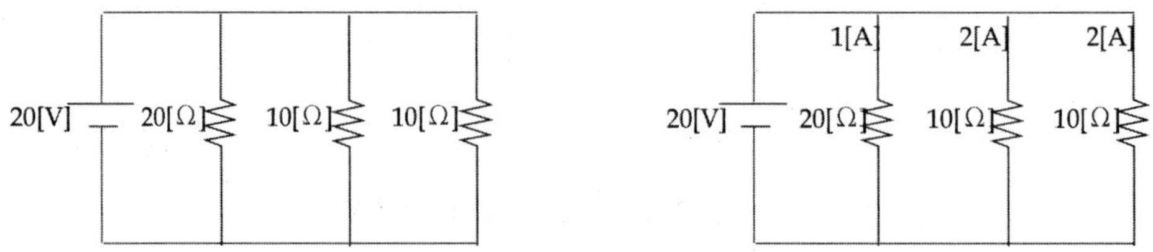

(a) (b)

$$\frac{1}{R_T} = \frac{1}{R_1} + \frac{R}{R_2} + \frac{R}{R_3} = 4\,[\Omega]$$

$$I = \frac{V}{R_T} = \frac{20}{4} = 5\,[A]$$

$$I_T = 5\,[A]$$

[그림 2-25] 병렬저항의 공식

2개의 지로만을 가진 경우는 서로 다른 저항값을 가지고 2개의 지로만을 가진 병렬회로에서 합성저항을 간단하게 구할 수 있다.

$$R_T = \frac{R_1 + R_2}{R_1 \times R_2}$$

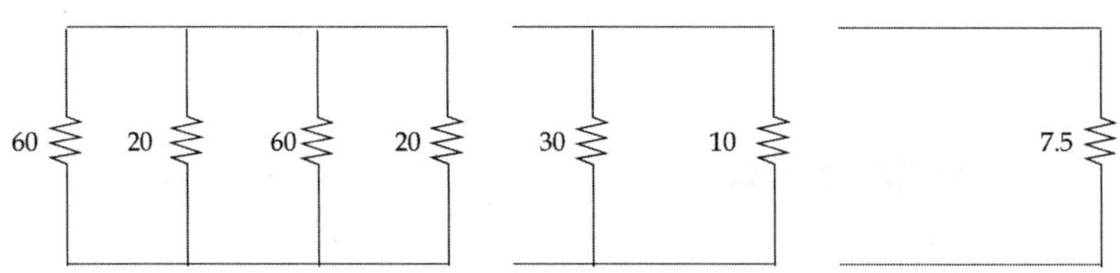

30×10/30+10

[그림 2-26] 2개의 지로만을 가진 경우

4.3 병렬회로에서 소비되는 총전력

각 저항에서 소비되는 전전력은 각 지로에서 소비되는 전력과 같다.

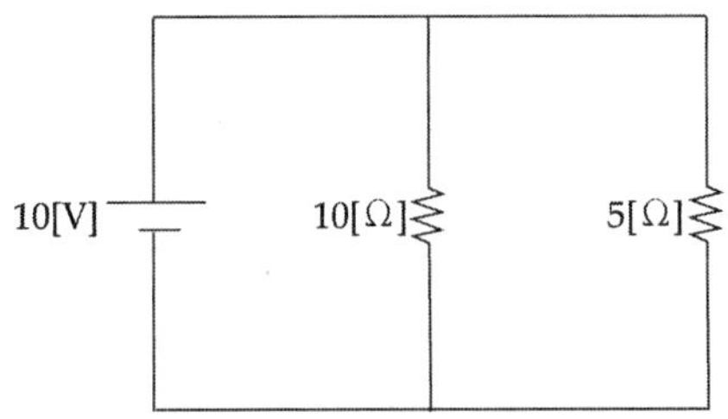

[그림 2-27] 병렬회로에서 소비되는 전력

직렬회로나 병렬회로에 각 저항에서 소비되는 전력은 공급된 전력과 같다.

$$P_T = P_1 + P_2 + P_3 + P \cdots\cdots\cdots P_N$$

05 직 · 병렬회로

직 · 병렬 접속의 합성저항은 다음과 같다.

- 병렬회로 합성저항+직렬회로 합성저항

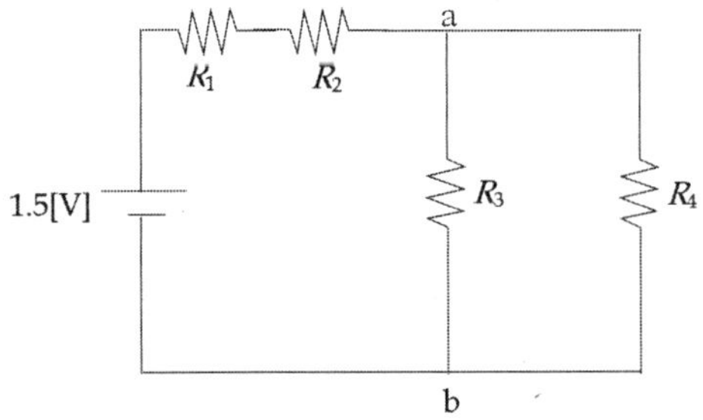

[그림 2-28] 직 · 병렬회로

R_2와 R_3 혹은 R_4와는 직렬접속이 아니다. 전체전류 I_T는

$$\frac{V_T}{R_T} = \frac{1.5}{1.5} = 1[\mathrm{A}]$$

이고, 이는 R_1, R_2를 통하여 흐르고 R_3, R_4로 나누어 흐른다. a점에서 전류가 분류되고, b점에서 전류가 합류된다.

5.1 병렬저항의 직렬연결

병렬회로 뱅크에 흐르는 전류는 R_1에 흐르는 전류와 직렬로 연결되어 있으므로 같다.

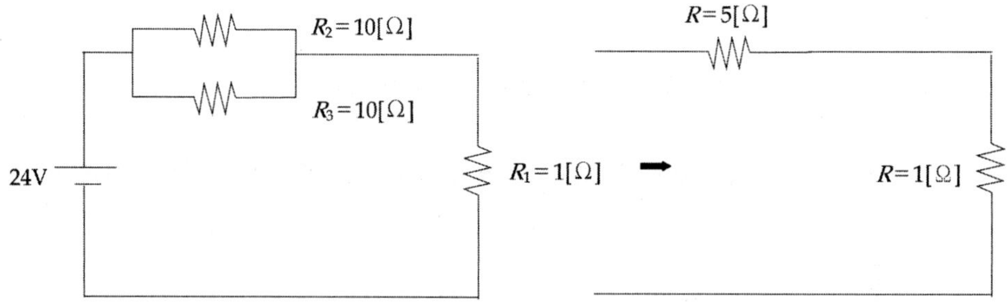

[그림 2-29] 병렬저항의 직렬연결

예제 [그림 2-30](a), (b)의 회로에서 각 지로 전류, 합성전류, 각 저항 양단의 전압을 구하여라.

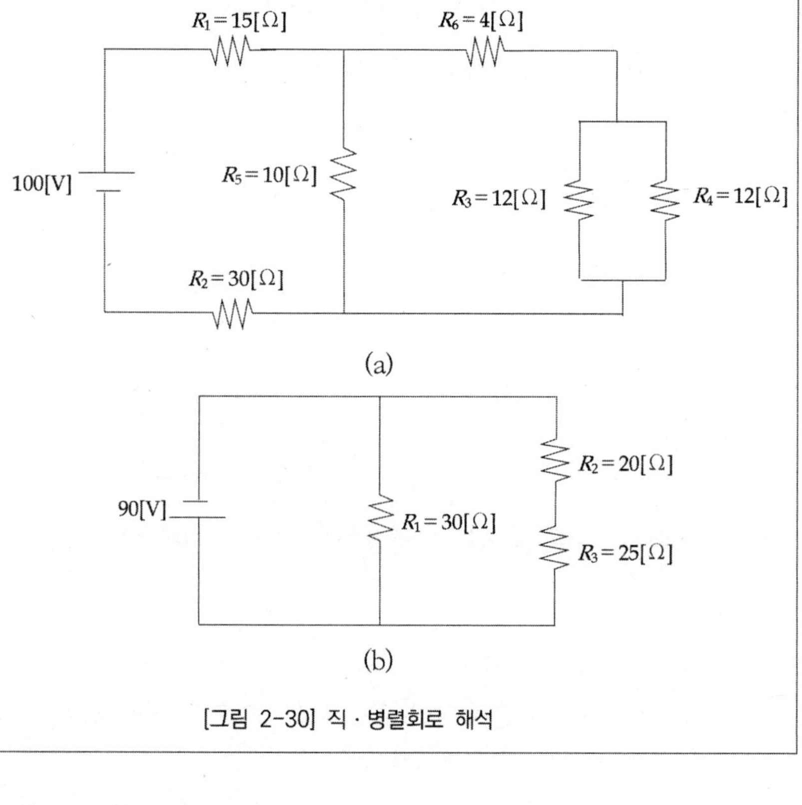

[그림 2-30] 직 · 병렬회로 해석

06 멀티테스터 사용법

6.1 측정대상

저항, 직류전류, 직류전압, 교류전압

6.2 원리 및 구조

저항, 전압, 전류를 넓은 범위에 걸쳐 간단한 절환스위치로 쉽게 측정하며, 정확도는 저항에서는 ±10[%] 전압, 전류 측정에서는 ±3~4[%]로 아주 실용적인 계기이다.

(a) 아날로그 테스터 (b) 디지털 테스터

[그림 2-31] 멀티테스터

테스터의 주요 부분은 고감도 지시계기, 배율기, 분류기, 산화동, 정류기, 다이얼 스위치, 건전지, 측정단자로 나눈다.

6.3 측정방법

(1) 측정 전 준비사항

- 계측을 수평 또는 수직으로 놓는다.
- 지침이 0 위치로 오도록 조종한다.

(2) 저항 측정

- 절환 스위치를 옴의 레인지에 놓는다.
- 측정단자를 단락 후 지침이 0이 되도록 조정한다.
- 피측정저항을 측정하여 눈금을 읽는다.
- 고저항인 경우는 절환스위치를 ×10, ×100에 맞추어서 측정한다.

(3) 직류전압 측정

- 다이얼을 직류전압의 최대 측정범위에 놓는다.
- 측정단자를 피측정전압의 양단에 놓고 눈금을 읽는다.
- 지시치가 너무 적으면 ×100, ×50, ×25로 점차 변환시켜 측정한다.

(4) 직류전류 측정

- 다이얼 스위치를 직류전류 최대치에 맞춘다.
- 단자봉을 피측정회로에 직렬로 연결한다.
- 직류전류 지시치를 읽는다.
- 배율을 조절하여 측정한다.

(5) 교류전압 측정

- 다이얼 스위치를 교류전압의 최대 측정치에 맞춘다.
- 단자봉을 피측정회로의 양단에 놓고 눈금을 읽는다.
- 눈금은 교류값을 측정한다.

6.4 측정시 주의사항

- 저항 측정시 0점 조정이 불가능할 경우는 건전지를 바꾼다.
- 전압·전류 측정시 반드시 측정범위의 최대치에서 점차적으로 절환 스위치를 조정하며 측정한다.
- 사용 후 절환스위치는 반드시 off 위치에 놓는다.

07 후크온 메터 사용법

7.1 측정대상

교류 측정기기로서 전력설비의 운용관리 및 점검에 가장 널리 사용된다.

7.2 원리 및 구조

가동코일형 전류계와 정류기를 조합 전압 측정시는 단자를 이용하고 전류 측정시는 크램프형 코일에 의해서 피측정전류를 전압으로 변환시켜 계기에 지시한다.

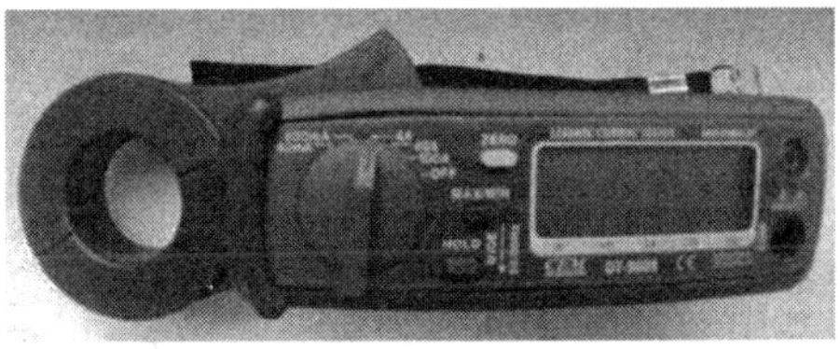

[그림 2-32] 후크온 메터

7.3 측정방법

(1) 전류측정

- 레인지 절환탭을 돌려 전류의 최대치에 놓는다.
- 크램프를 개방하여 도체를 크램프 철심의 중앙에 오도록 한다.
- 지시치가 작을 때는 아래 레인지로 돌려 측정한다.
- 눈금을 읽기 어려운 장소에서 측정할 때는 지침 스톱 버튼을 움직여 지침을 정지시킨 후에 분리하여 눈금을 읽는다.

(2) 전압측정

- 레인지 절환탭을 돌려 전압의 최대 레인지에 놓는다.

- 전압 측정용 리드선을 전압 측정용 잭에 삽입한다.
- 측정용 리드봉을 측정하고자 하는 회로에 접촉하여 전압측정
- 지시치가 작을 경우에는 아래 레인지에서 측정한다.

(3) 저항측정

- 레인지 절환 스위치를 돌려 Ω 위치에 둔다.
- 리드선을 저항 측정용 잭에 꽂고 단락시켜 Ω-ADJ의 조정눈금을 0으로 맞춘다.
- 리드선을 피측정저항에 접촉하여 측정한다.

7.4 주의사항

- 케이블은 측정할 수 없다.
- 저항 측정시 측정회로에 전압이 인가되지 않도록 한다.
- 퓨즈 교체시 정격 퓨즈를 사용한다.

7.5 특 징

최근, 계기의 주된 성능상의 개선점과 특징을 다음에 서술한다.

- 도선의 클램프 위치에 의한 측정의 영향을 거의 받지 않는다.
- 클램프부에는 고투자율 재료, 홀 소자를 사용함으로써 정밀도가 향상되고 직류 측정도 가능하다.
- 주파수 특성에 우수하다.
- 외부 자계에 의한 측정의 영향이 작다.
- 왜파형에 대해서도 참의 실효값 측정이 가능하다.
- 누설전류계는 수 mA의 미소전류의 측정도 가능하다.
- 측정 가능한 전류 범위는 어댑터를 부착함으로써 1000[A] 이상도 가능하다.
- 지시가 디지털화된 것도 있어 전류 레인지의 전환도 자동적으로 된다.
- 변류기와 지시계기가 일체로 된 것, 별개인 것 등 용도에 따라서 그 종류가 풍부하다.

실습 1 저항에 흐르는 전압 · 전류값 측정

1. 5개의 탄소저항의 색저항값과 테스터를 사용한 측정값을 비교한다.

<table>
<tr><td colspan="2" rowspan="2">구분</td><td colspan="5">저항</td></tr>
<tr><td>1</td><td>2</td><td>3</td><td>4</td><td>5</td></tr>
<tr><td colspan="2">제1색</td><td></td><td></td><td></td><td></td><td></td></tr>
<tr><td colspan="2">제2색</td><td></td><td></td><td></td><td></td><td></td></tr>
<tr><td colspan="2">제3색</td><td></td><td></td><td></td><td></td><td></td></tr>
<tr><td colspan="2">제4색</td><td></td><td></td><td></td><td></td><td></td></tr>
<tr><td colspan="2">제5색</td><td></td><td></td><td></td><td></td><td></td></tr>
<tr><td colspan="2">오차(%)</td><td></td><td></td><td></td><td></td><td></td></tr>
<tr><td colspan="2">색저항값</td><td></td><td></td><td></td><td></td><td></td></tr>
<tr><td rowspan="2">측정값</td><td>아날로그</td><td></td><td></td><td></td><td></td><td></td></tr>
<tr><td>디지털</td><td></td><td></td><td></td><td></td><td></td></tr>
</table>

2. 5개의 색저항을 직 · 병렬시켜 전체 저항값을 측정한다.

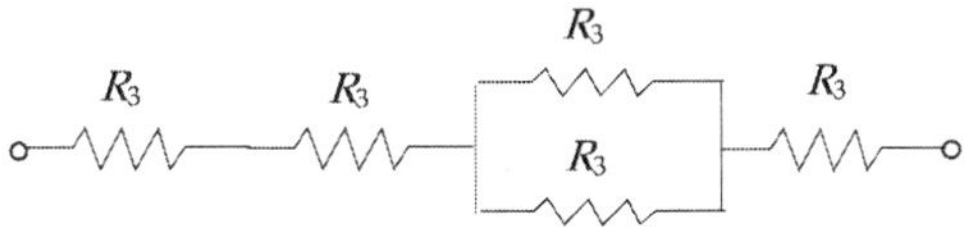

판독치 저항값	
실측치 저항값	

3. 저항에 직류전압을 가하고 양단전압과 부하에 흐르는 전류를 측정한다.
(직류전원인 경우 극성에 유의하여야 한다)

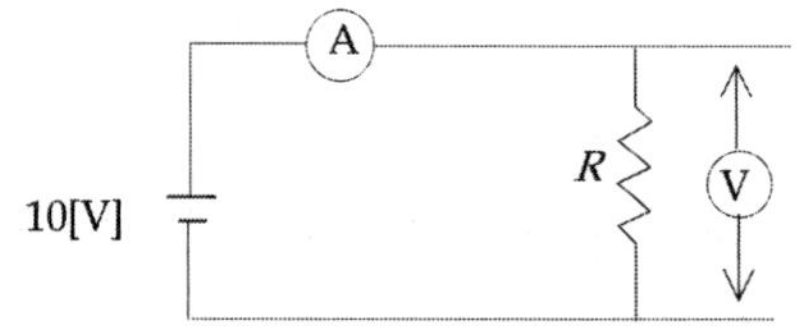

측정 전압값	
측정 전류값	

위 실험에서 옴의 법칙 $\left(I=\frac{V}{R}\right)$이 성립됨을 확인하고, 저항에서 소비되는 전력값을 구한다($P=I^2R$).

4. 전원단에 10[V] DC 전원을 공급할 때 회로에 흐르는 전류값을 구하시오.

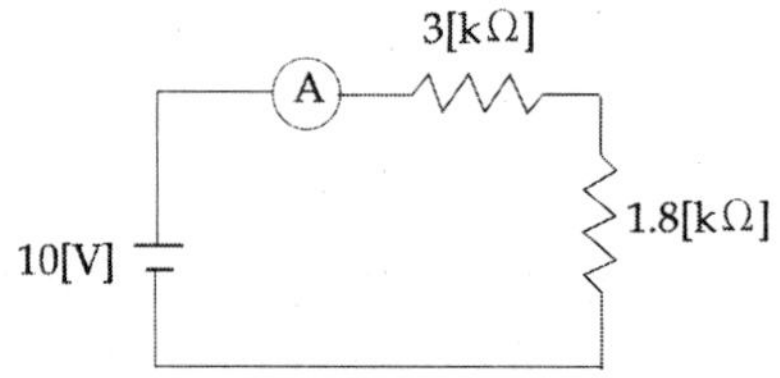

계산된 전류값	
측정된 전류값	

5. 저항 4개를 직렬로 연결하고, 각 저항에 걸리는 전압과 회로에 흐르는 전류값을 측정한다.

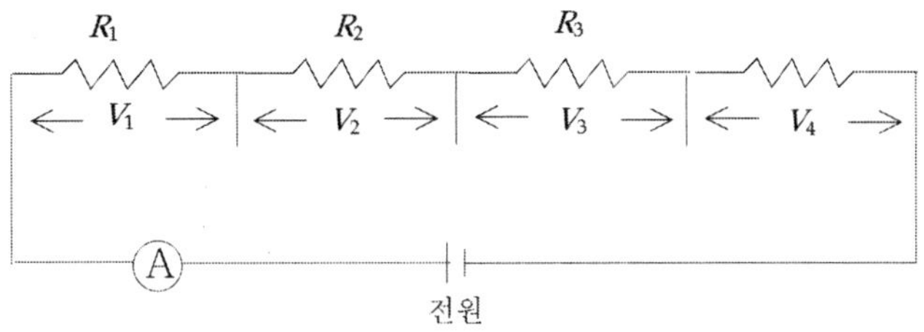

구분	R_1	R_2	R_3	R_4	합계
계산된 전압값					
측정된 전압값					
전류값					

실습 2 직렬회로 구성 및 실습

1. 만능기판을 이용하여 저항 3개를 직렬로 연결하고, 전원에는 AC 전압과 DC 전압을 공급하여 각 저항에 인가되는 전압을 측정한다.
   AC 전압은 소형 변압기를 이용하고, DC 전압은 DC Power Supply를 사용한다. 전압·전류 측정은 디지털 테스터를 사용하고 실측치와 계산치를 비교한다.

2. 실습회로

3개의 저항을 직렬로 연결하고 각 단자에 걸리는 전압을 측정하기 위해 아래와 같이 직렬회로를 구성한다.

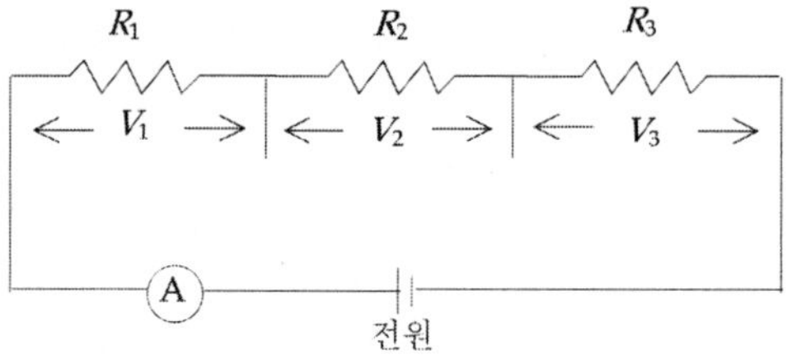

3. 준비물

만능기판, 저항, DC Power Supply, 소형 변압기, 디지털 테스터

4. 실험결과

(DC 전원 공급)

공급전압	I [A]	측정된 전압값			계산된 전압값			R_1	R_2	R_3
		V_1	V_2	V_3	V_1	V_2	V_3			
5[V]										
10[V]										
20[V]										

(AC 전원 공급)

공급전압	I[A]	측정된 전압			계산된 전압값			R_1	R_2	R_3
		V_1	V_2	V_3	V_1	V_2	V_3			
3[V]										
6[V]										
12[V]										

5. 시험 고찰

(1) 각 저항에 인가되는 전압은 저항과 어떠한 관계가 있는가?

(2) 각 저항에 걸리는 전압의 합은 공급전압과 어떠한 관계가 있는가?

실습 3 병렬회로 구성 및 실습

1. 만능기판을 사용하여 저항 3개를 병렬로 연결하고, 전원에는 AC 전압과 DC 전압을 공급하여 각 저항에 인가되는 전압 · 전류값을 측정한다. AC 전압은 소형 변압기를 이용하고 DC 전압은 DC Power Supply를 사용한다. 전압 · 전류 측정은 디지털 테스터를 사용하고 실측치와 계산치를 비교한다.

2. 실습회로

3개의 저항을 병렬로 연결하고 각 단자에 걸리는 전류를 측정하기 위해 아래와 같이 병렬회로를 구성한다.

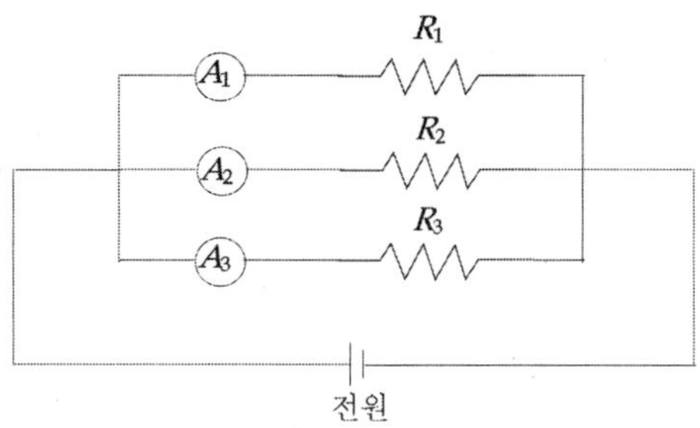

3. 준비물

만능기판, 저항, DC Power Supply, 소형 변압기, 디지털 테스터

4. 실험결과

(DC 전원 공급)

<table>
<tr><th rowspan="2">공급전압</th><th rowspan="2">I_T[A]</th><th colspan="3">측정된 전류값</th><th colspan="3">계산된 전류값</th><th rowspan="2">R_1</th><th rowspan="2">R_2</th><th rowspan="2">R_3</th></tr>
<tr><th>I_1</th><th>I_2</th><th>I_3</th><th>I_1</th><th>I_2</th><th>I_3</th></tr>
<tr><td>5[V]</td><td></td><td></td><td></td><td></td><td></td><td></td><td></td><td></td><td></td><td></td></tr>
<tr><td>10[V]</td><td></td><td></td><td></td><td></td><td></td><td></td><td></td><td></td><td></td><td></td></tr>
<tr><td>20[V]</td><td></td><td></td><td></td><td></td><td></td><td></td><td></td><td></td><td></td><td></td></tr>
</table>

(AC 전원 공급)

<table>
<tr><th rowspan="2">공급전압</th><th rowspan="2">I_T[A]</th><th colspan="3">측정된 전류값</th><th colspan="3">계산된 전류값</th><th rowspan="2">R_1</th><th rowspan="2">R_2</th><th rowspan="2">R_3</th></tr>
<tr><th>I_1</th><th>I_2</th><th>I_3</th><th>I_1</th><th>I_2</th><th>I_3</th></tr>
<tr><td>3[V]</td><td></td><td></td><td></td><td></td><td></td><td></td><td></td><td></td><td></td><td></td></tr>
<tr><td>6[V]</td><td></td><td></td><td></td><td></td><td></td><td></td><td></td><td></td><td></td><td></td></tr>
<tr><td>12[V]</td><td></td><td></td><td></td><td></td><td></td><td></td><td></td><td></td><td></td><td></td></tr>
</table>

5. 실험 고찰

(1) 각 저항에 흐르는 전류값은 저항과 어떠한 관계가 있는가?

(2) 각 저항에 흐르는 전류의 합은 전체 전류와 어떠한 관계가 있는가?

실습 4 직 · 병렬회로 구성

1. 만능기판을 사용하여 저항 4개를 직 · 병렬로 연결하고 전원에는 AC 전압과 DC 전압을 공급하여 각 저항에 인가되는 전압과 흐르는 전류를 측정한다. AC 전압은 소형 변압기를 이용하고, DC 전압은 DC Power Supply를 사용한다. 전압 · 전류 측정은 디지털 테스터를 사용하고 실측치와 계산치를 비교한다.

2. 실습회로

4개의 저항을 직 · 병렬 연결하고 각 단자에 흐르는 전류와 전압을 측정하기 위해 아래와 같이 직 · 병렬회로를 구성한다.

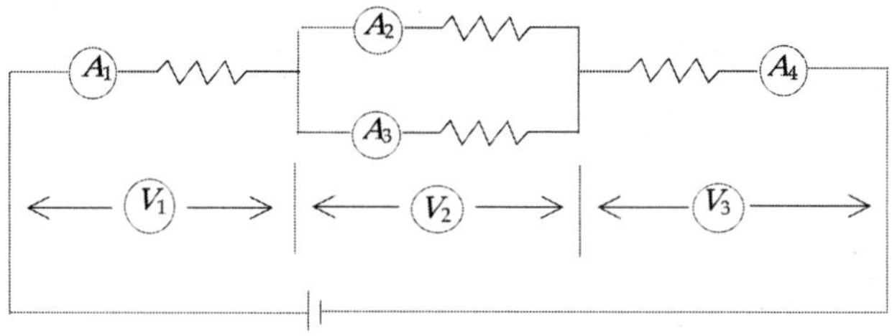

3. 준비물

만능기판, 저항, DC power supply, 소형 변압기, 디지털 테스터

4. 실습결과

(DC 전원 공급)

공급전압	I_T[A]	측정된 전류값				계산된 전류값				각저항 전압		
		I_1	I_2	I_3	I_4	I_1	I_2	I_3	I_4	V_1	V_2	V_3
3[V]												
6[V]												
12[V]												

(AC 전원 공급)

공급전압	I_T[A]	측정된 전류값				계산된 전류값				각저항 전압		
		I_1	I_2	I_3	I_4	I_1	I_2	I_3	I_4	V_1	V_2	V_3
5[V]												
10[V]												
20[V]												

5. 실험 고찰

(1) 병렬회로에서 흐르는 전류는 저항값과 어떠한 관계가 있으며, I_1전류와 I_4전류의 값이 같은 이유는?

(2) 키르히호프의 전압법칙과 전류법칙의 성립됨을 증명하여라.

제 3 장

시퀀스 제어

01 시퀀스 제어의 개념

제임스 와트(James Watt)는 증기기관을 발명하여 인간의 힘에 의해 행하여야 하는 일을 기계로 바꾸어 놓았으며, 다시 조속기라는 것을 발명하여 속도 조정의 자동화를 최초로 이룩하였다. 또한 스트라우저(Strowger)는 자동 전화교환기를 발명하여 인간의 손을 빌리지 않고 일을 하게 하는 데 성공하였다. 이것이 자동제어의 시작이다.

산업 발달과 더불어 자동화는 계속 촉진되어 왔으며, 이러한 추세는 전기기술 발전에 의해 급속히 진전되어 자동제어는 현대 산업사회에는 필요 불가결한 것으로 부각되었다. 그 중 시퀀스 제어는 컴퓨터 응용제어와 함께 모든 산업에서 일상생활에 이르기까지 널리 발전되는 추세에 놓여 있다. 이러한 제어기술의 지속적인 발전은 모든 산업현장에서의 각종 기계의 자동화 · 무인화에 이르기까지 더욱 더 확대되고 있는 추세이다.

시퀀스 제어(sequence control)는 자동화 시대에 있어서 모든 기계·장치 등의 공장설비 자동화에 채용되어 안전성, 생산성, 중앙집중관리, 대형화의 시대에 부응하면서 그 역할은 점점 더 제고되고 있다. 시퀀스 제어란 "스위치 한 번의 조작으로 기계는 자동적으로 일정한 순서로 정해진 일을 행하는 자동제어 방식"을 말한다.

제어란 어떤 목적에 맞도록 대상으로 되어 있는 것에 조작을 가하는 것이다. 자동제어(automatic control)는 제어장치에 의해 자동으로 행하여지는 것이고, 수동제어(manual control)는 사람이 제어동작을 하는 제어이다. 시퀀스 제어는 자동제어와 수동제어의 정의를 적용할 수도 있지만 중간적인 성격을 가진 것이 많다. 그러므로 일반적으로는 제어대상에 따라 완전자동제어, 반자동제어, 단독수동제어 등 여러 방식의 제어방식으로 구현할 수 있다. 이러한 시퀀스 제어는 여러 가지 제어방식이 있는데 다음과 같이 대별되기도 한다.

자동제어 ↔ 수동제어
원방제어 ↔ 현장제어
연동제어 ↔ 단독제어

인간의 동작에는 두뇌 노동과 육체 노동이 있는 데 자동화에 있어서 두뇌 노동은 시퀀스 제어이다. 같은 두뇌 노동이라 하지만 눈, 코, 입의 기능을 발휘케 하여 두뇌로 판단하고 입을 이용하여 말하고 손을 이용하여 문서로 표현한다. 눈, 코, 귀가 시퀀스 제어에서는 검출기(리밋스위치, 근접 스위치, 광스위치, 차동 스위치)이며, 판단하는 것은 릴레이 종합회로이다.

시퀀스 제어 그 자체는 직접 일을 하는 것이 아니고 일을 하도록 명령을 행하는 장치이다. 검출기에 의해 검출된 신호를 기억하거나 판단하여 공압, 유압, 모터, 전자 릴레이 등에 일을 하게끔 출력으로서 지령을 보내는 것이다.

02 시퀀스 제어의 예

엘리베이터와 에스컬레이터의 시퀀스 제어를 생각해보면 그 순서는 다음과 같다.

① 가고 싶은 층의 버튼을 누른다.
② 엘리베이터 문이 닫힌다.
③ 상, 하로 움직인다.
④ 목적의 층계에 도착하면 속도가 감소된다.
⑤ 바닥에 맞도록 정지한다.
⑥ 엘리베이터 문이 열린다.

이와같이 엘리베이터는 그 동작순서가 미리 정해져 있다. 맨처음 목적지의 층계를 선정하면 미리 정해진 순서에 따라 각 단계가 진행하여 목적하는 층계에 도착한다. 그러므로 엘리베이터는 정해진 순서에 따라 제어되므로 시퀀스 제어라고 말할 수 있다.

이에 반하여 에스컬레이터는 시퀀스 제어가 아니다. 사람을 운반하는 점에 있어서는 서로 흡사하지만 언제나 연속적으로 움직이고 있다. 별도의 단계별로 움직이는 제어가 이루어지고 있지 않기 때문이다.

03 실험 · 실습의 목적

시퀀스 제어계에서 조작자가 내리는 작업명령 입력기기를 통해서 시퀀스 제어기에 전달된다. 시퀀스 제어기의 제어명령은 조작부의 구동용 기기에 의해서 제어대상에 전송된다.

제어대상은 제어내용에 따라서 제어동작을 하며, 제어대상의 동작을 검출부가 검출하여 시퀀스 제어기로 보낸다. 시퀀스 제어기는 제어대상의 동작을 감시하고 대상기기의 동작상태를 조작자가 확인할 수 있도록 표시하거나 경보를 울린다. [그림 3-1]은 시퀀스 제어의 개념도를 나타내고 있다.

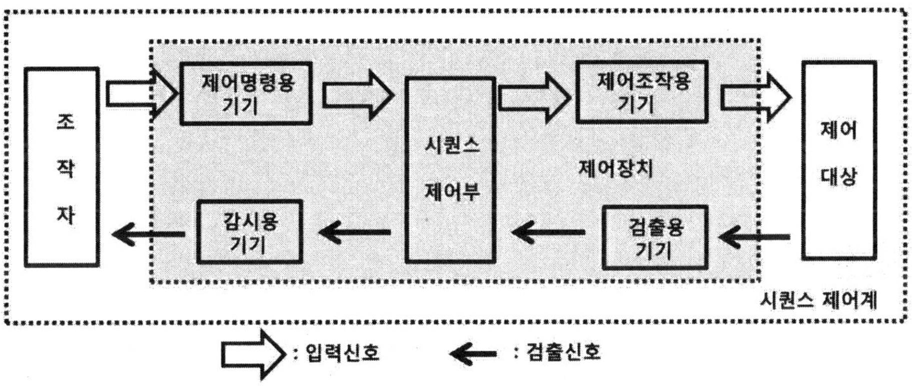

[그림 3-1] 시퀀스 제어 개념도

3.1 조작용 스위치

(1) 누름버튼 스위치

누름버튼 스위치(PB : Push Button switch)는 색상에 의해서 기능을 나타낸다. 녹색은 기동용 적색은 정지 또는 비상정지용, 황색은 리셋용, 백색은 그밖의 기능으로 사용한다.

(2) 유지형 스위치

자동·수동, 연동·단동같이 조작 방법의 절환에 사용된다. 토글스위치, 로터리 스위치, 셀렉트스위치 등이 있다.

(3) 리밋 스위치

제어대상(출력기기)의 움직임 상태를 검출하는 센서로서 마이크로 스위치(리밋 스위치)가 있다. 마이크로 스위치는 소형이고, 성형품의 케이스에 접점기구가 내장되어 있어 계측장치에 쓰인다.

리밋 스위치는 견고한 다이캐스트 케이스에 마이크로 스위치를 내장한 것으로 내구성과 기계적 보호가 필요한 생산설비, 공장자동화 등에 쓰인다.

(4) 검출용 스위치(비접촉시)

물리현상의 변화를 검출하여 입력신호를 내는 스위치이며, 검출용 스위치의 종류와 특성은 〈표 3-1〉과 같다.

표 3-1 센서의 종류 및 특성

스위치 종류	전달매체	물리현상	출력신호
근접 스위치	고주파발진형	코일의 인덕턴스 변화	on/off
	정전용량형	커패시터 변화	on/off
광전센서	광(빛)	발광효과, 광기전력	on/off
초음파 스위치	초음파	도플러 효과	on/off
서모스타터	온 도	온도 → 변위	on/off
열전대	온 도	온도 → 전압	아날로그 출력
서미스터	온 도	온도 → 저항	아날로그 출력

3.2 근접 스위치

- 근접 스위치
  - 자계를 이용한 것
    - 고주파 발진형
    - 자기형
  - 전계를 이용한 것 — 정전용량형

근접 스위치는 검출물체가 접근한 것을 비접촉으로 검출한다. 검출방식은 전자유도를 이용한 고주파 발진형, 자석을 이용한 자기형 및 검출물체와 근접 스위치간의 정전용량 변화를 검출하는 정전용량형 등 3종류로 대별된다.

(1) 고주파 발진형 근접 스위치

[그림 3-2]와 같이 근접 스위치 검출코일에 고주파 자계가 발생하고 있고, 이 자계에 검출물체를 접근시키면 금속중에도 유도자계가 흘러 열손실이 발생하여 발진이 감쇄 또는 정지한다. 이 상태 변화를 검출회로로 검출하여 출력회로를 동작시킨다.

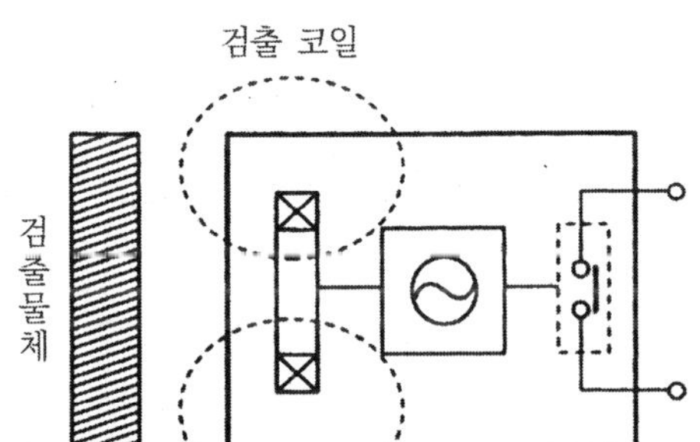

[그림 3-2] 고주파 근접스위치

(2) 정전용량형 근접 스위치

검출부에 유도전극을 가지고 있으며, 전극에 물체가 접근하였을 때 검출부의 유도전극과 대지간의 정전용량이 크게 변화하며 그 변화량을 검출하여 출력신호를 발생시키는 방법이다.

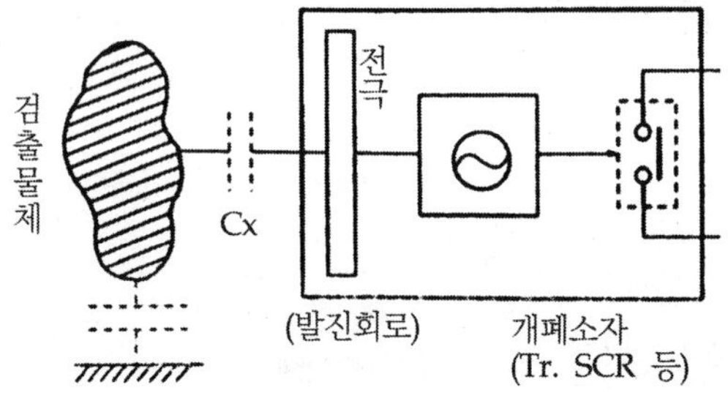

[그림 3-3] 정전용량형 근접 스위치

(3) 특 징

- 비접촉으로 검출한다.
- 내환경성이 좋다.
- 반복정도가 높다.
- 응답속도가 빠르다.
- 수명이 길다.

그러므로 근접 스위치는 검출물체가 자성체(금속)인 경우에는 고주파발진형으로 검출할 수 있으며, 비자성체(물·나무·프라스틱)인 경우에는 정전용량형으로 검출한다. 그러나 근접 스위치는 포토 센서 등에 비하여 검출거리가 짧다.

3.3 광화이버 센서

광화이버 센서란 광전센서와 광화이버(광·섬유 코드)를 조합시킨 것으로 광학적인 변환부와 수광부 또는 투광부 사이를 공간적으로 제약받지 않게 띄어 놓아 광학적으로 연결하여 검출물체를 검출하는 센서이다.

빔센서에서는 투과형이나 반사형의 구별없이 광학렌즈를 부착하는 것이 절대조건이고, 그 렌즈는 센서를 구성하는 케이스에 함께 넣어져 있어 사용할 때는 센서 자체를 검출물체에 직접 향해서 설치해야 한다. 따라서 설치할 때는 센서가 위치할 수 있는 공간이 필요하고, 그 주위 온도·환경조건도 고려하여야만 한다.

이에 대해서 광화이버 센서는 렌즈를 없애고 이에 대신해서 광화이버를 채용한 것으로 광화이버 자신이 갖고 있는 유연성을 이용하여 좁은 장소라도 자유로이

끼워 설정할 수 있다. 또한 광화이버 센서 자체는 빔센서처럼 검출물체를 향해서 설치할 필요가 없고, 따로 임의의 장소에 설치할 수 있다.

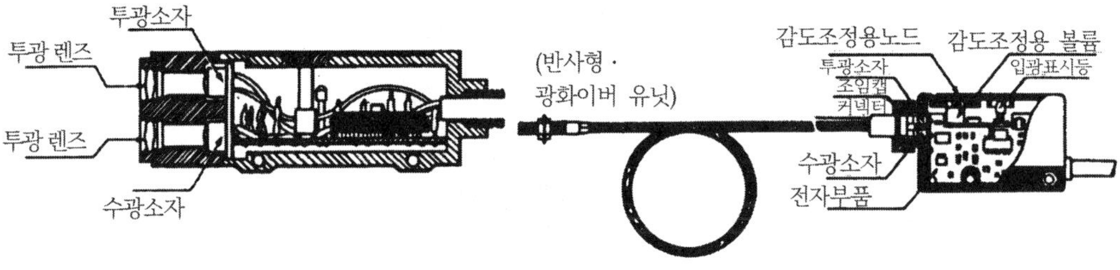

[그림 3-4] 광화이버 센서 구조

(1) 광화이버 센서 특징

- 센서 본체를 검출물체에 향해 설치할 필요가 없다.
- 깊숙한 곳이나 좁은 장소에도 쉽게 설치할 수 있다.
- 미세한 검출물체나 부위를 검출할 수 있다.
- 대사물체의 검출부위에 가까이 설치할 수 있다.
- 노이즈의 영향이 거의 없으므로 안정된 검출을 할 수 있다.
- 주위온도가 매우 높은 곳에서도 검출이 가능하다.
- 광화이버에는 전류가 전혀 흐르지 않고 전류에 의한 유도작용도 받지 않으므로 안전하게 사용할 수 있다.
- 수분에 노출되어도 열화되지 않는다.
- 노이즈에 대해서도 전혀 영향을 받지 않는다.

(2) 광화이버 원리와 구성

광화이버는 [그림 3-5]에 보인 것처럼 중심에 굴절률이 높은 코어와 그 코어의 표피에 굴절률이 낮은 크래드(clad)로 이루어져 있다. 코어에 광이 들어가면 크래드의 경계면에서 전반사를 반복하면서 나아가 광화이버 내부를 통해 단면으로 나온다. 이 단면에서 나온 광은 약 60°각의 원추형으로 퍼지며 검출물체에 투사된다. 이 화이버는 통상 염화비닐 등으로 피복되고 있다.

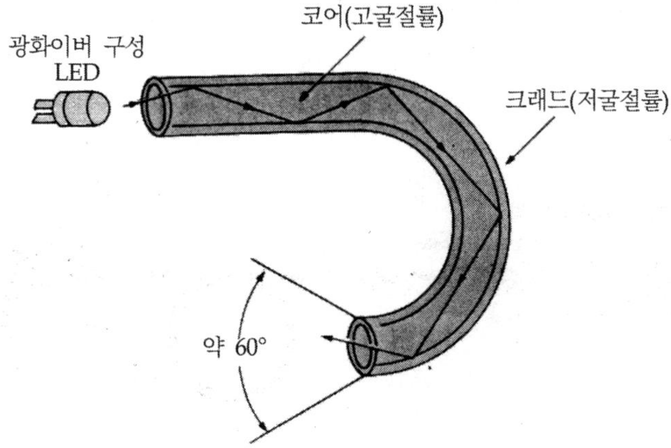

[그림 3-5] 광화이버 원리도

3.4 빔센서

인간이 사물을 보고 그 상황을 판단하듯이 FA(공장자동화)에 있어서 불가결한 자동제어장치에는 인간의 눈, 두뇌, 손발에 해당하는 검출부, 제어부, 조작부가 있다. 검출용 스위치는 이 자동제어 장치에 있어 검출부를 구성하는 중요한 요소가 되며, 여기에 쓰이는 매체로서는 '빛'(주로 적외선)이 응용되고 있다. 이것을 빔 센서 혹은 광전자 스위치라 한다.

투광부에서 나오는 신호광이 검출물체에 의해서 반사, 투과, 흡수, 차광 등의 변화를 일으켜 이것을 수광부에서 감지하여 신호를 내거나 또는 검출물체에서 나오는 빛을 감지한다.

이렇게 감지된 신호로서 통과 물체의 유무, 물체의 크기, 형상, 색판별 등 고도의 검출을 할 수 있으므로, 자동제어, 계측, 품질관리 등으로 활용되고 있다.

(1) 특 징

- 비접촉 검출이다.
- 검출거리가 길다(투과형 : 100[m], 거울반사형 : 15[m] 정도 검출).
- 대상물체의 종류가 다양하다(유리, 금속, 플라스틱, 목재, 액체).
- 응답속도가 빠르다(50[μs]).
- 미세 물체도 검출할 수 있다.

표 3-2 센서 검출방식에 의한 분류

구분		검출 형태	특징
투과형	빔센서	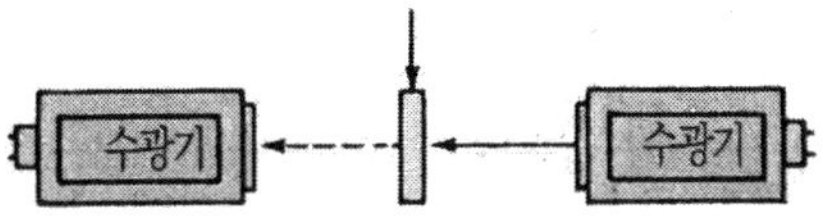	투광기와 수광기를 서로 마주 보게 설치하고 그 사이에 검출물체가 차광되었을 때 검출하는 방식
	ㄷ자형센서	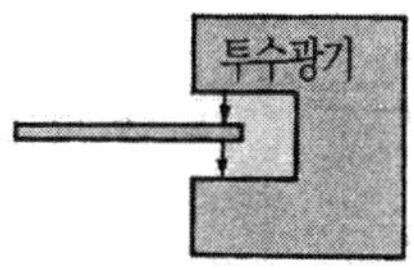	• 투광부와 수광부가 같이 들어있는 것으로 검출거리가 고정 · 기구적으로 고정되어 있으므로 광축이 어긋날 염려가 없다. • 고정축 회전판 · 직선운동판의 검출에 적합하다.
	화이버센서	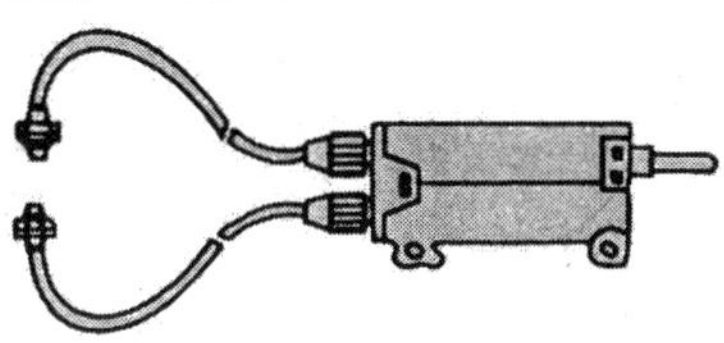	투광 후드와 수광 후드를 마주 보게 구부려서 설치하고 그 사이를 차광했을 때 검출
물체반사형	빔센서	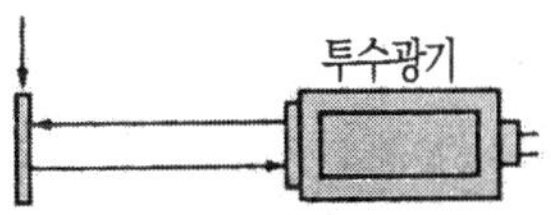	투광부와 수광부가 같이 붙어 있어 투광부에서 투광하는 빛이 검출물에서 반사되는 것을 수광하여 검출하는 방식
	화이버센서	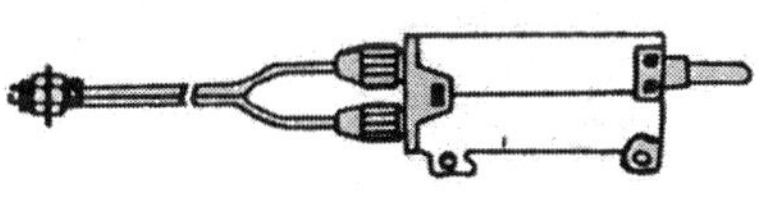	투광부와 수광부가 하나의 후드에 장착되어 검출물체를 검출하는 방식
거울반사형	빔센서	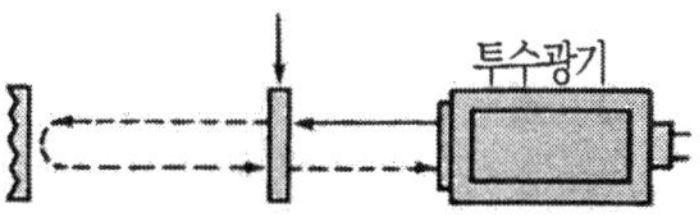	투수광기와 반사거울 사이에 검출물체가 통과하면 검출하는 방식
복사광 검출형	빔센서	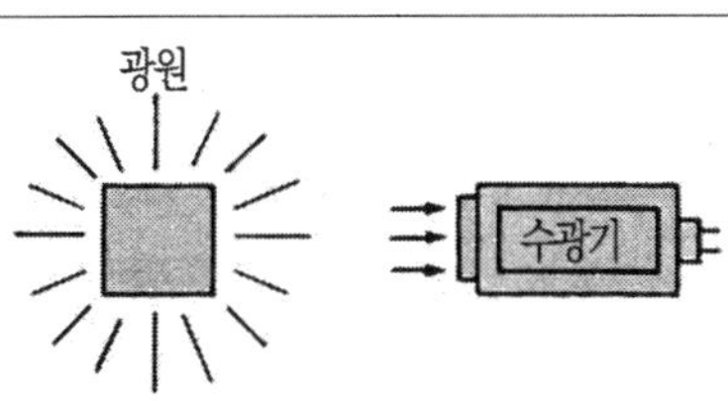	• 달구어진 금속 등 적열물체에서 나오는 적외선을 직접 수광하여 검출해서 물체의 통과 검출이나 위치검출 • 투광기 없이 수광기만으로 구성됨
	화이버센서	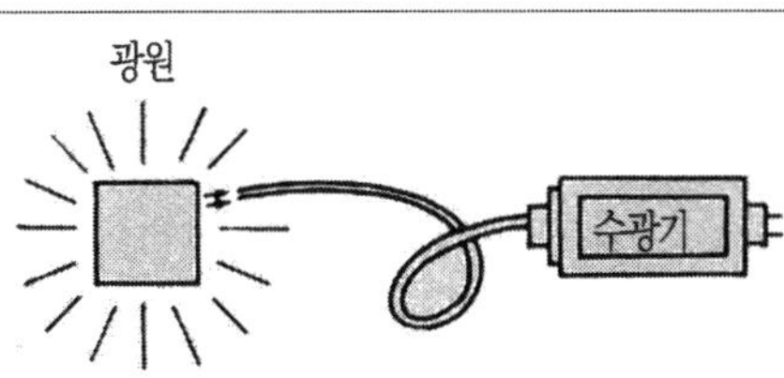	• 내열 화이버를 이용하여 고온에서도 사용할 수 있게 설계되어 있다. • 수광 후드만으로 동작함

다음은 시퀀스 제어에 사용되는 스위치와 각종 센서의 그림을 나타낸다.

캡스위치

파워스위치

리밋스위치

마이크로스위치

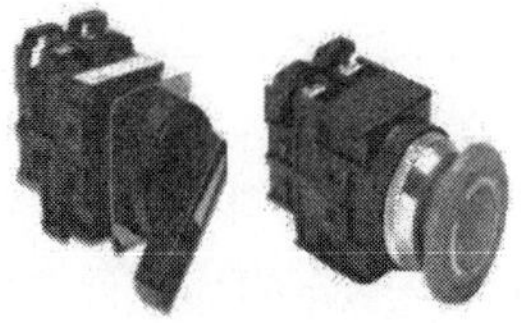

제어용스위치

표시등

릴레이 및 소켓

타이머

카운터

광전자센서

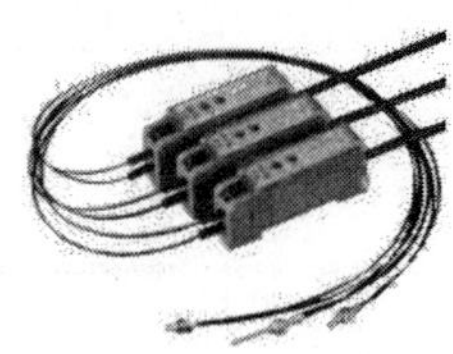

광화이버 센서

액면스위치 제어기 및 고정전극

근접센서

SSR

[그림 3-6] 센서 종류별 외형도

04 플로차트의 타임차트

시퀀스 회로 각각의 기기들의 동작순서를 그림으로 나타내는 것을 플로차트라고 한다.

시퀀스 제어계에서는 여러 가지 기구가 결합되어서 복잡한 회로구성이 되어 있으므로 각 구성기기의 동작순서를 상세하게 그리면 오히려 전체가 이해하기 어렵다. 전체의 관계동작을 순서에 따라 사각형의 심벌과 화살표로 간단하게 표시할 목적으로 한 것이 '플로차트'이다.

또한 시퀀스 제어에 있어서 동작순서의 시간적 변화를 알기 쉽게 나타낸 그림이 타임차트이다. 타임차트에서는 종축에 제어기기를 순서별로 놓고 횡축에서는 이들의 시간적 변화를 표시한다. 그리고 어떤 기기의 동작이 다음의 어떤 기기의 동작과 관계 있는가는 점선으로 표시할 수 있다.

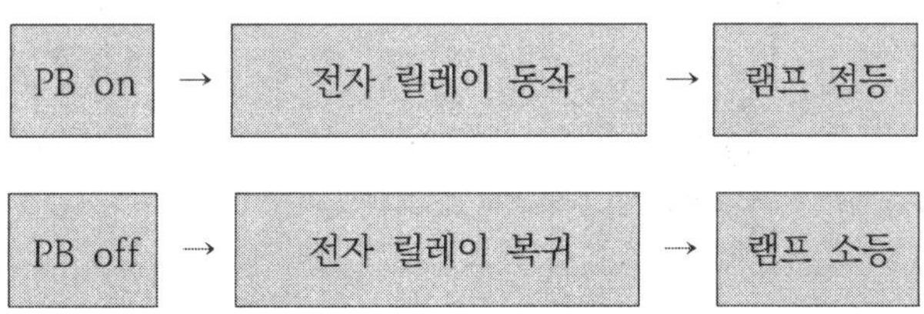

[그림 3-7] 시퀀스 기본회로

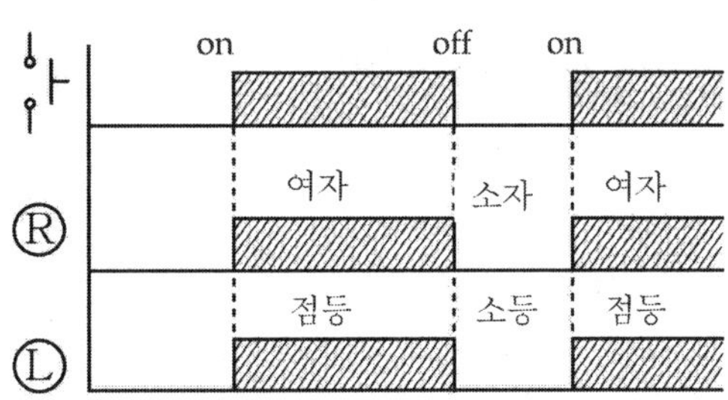

〈램프 점등회로의 타임차트〉

[그림 3-8] 시퀀스 회로의 동작 차트

05 실체 배선도와 시퀀스도

실물에 가까운 형태의 배선상태를 도면에 직접 작성하여 기기들을 연결하는 그림을 실체 배선도라고 한다. 그러나 이러한 방법은 전기용 심벌을 표시하여 부분적으로는 상세할 수 있으나 도면이 매우 복잡하게 된다. 이에 반하여 제어계통의 기기 동작 및 기능을 표시한 그림을 동작순서에 따라 배열하고 동작내용을 이해하기 쉽도록 표시한 접속도를 시퀀스도라 한다. 그림은 실체 배선도와 시퀀스도를 비교한 것이다.

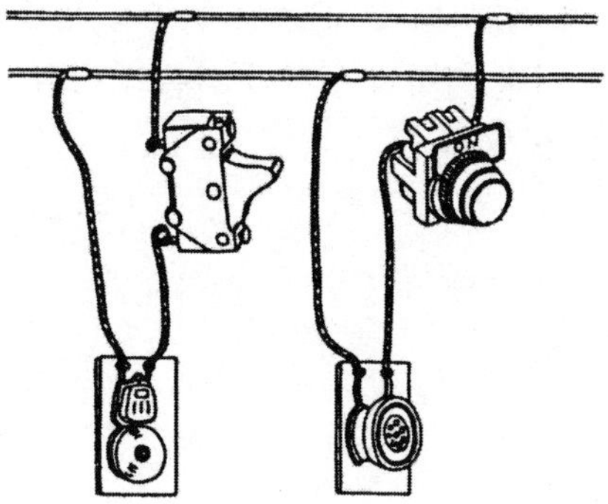

[그림 3-9] 실체 배선도

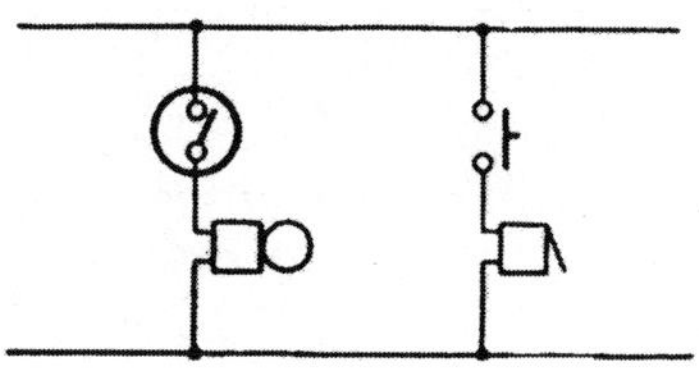

[그림 3-10] 시퀀스도

06 수동접점의 동작과 심벌

6.1 수동조작 자동복귀 접점

수동조작 자동복귀 접점이란 수동으로 조작하면 접점은 폐로 또는 개로되지만 손을 놓으면 스프링의 힘에 의해서 자동적으로 원래의 상태로 돌아가는 접점을 말한다. 이 접점으로서는 푸시버튼(PB) 스위치가 대표적이다. 수동조작 자동복귀 접점의 심벌은 손으로 조작하지 않을 때의 상태에서 열려 있는 접점으로 나타난다.

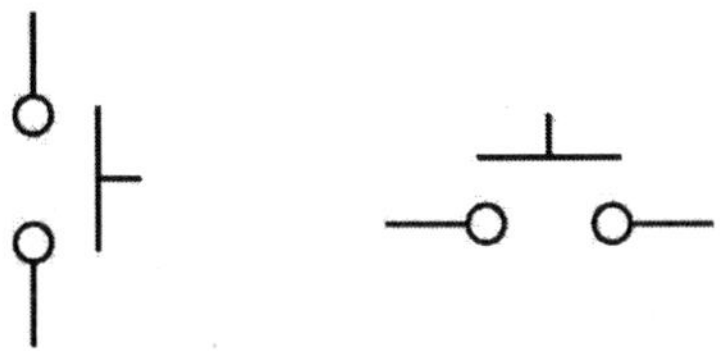

[그림 3-11] a접점 심벌

6.2 수동조작 자동복귀(b접점)

이 접점은 손으로 조작하지 않은 상태에서 '닫혀 있는 접접'으로 나타낸다. 대표적인 것이 푸시버튼 스위치이다.

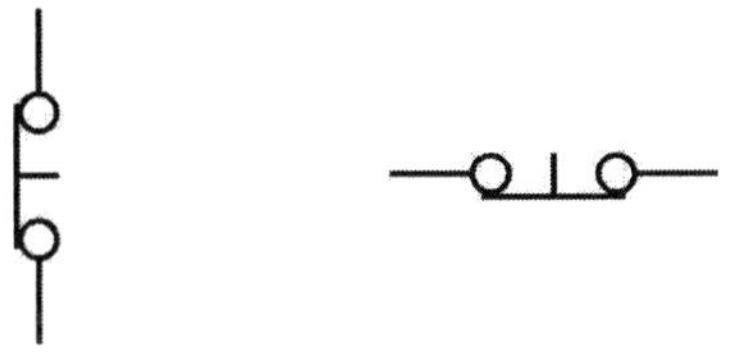

[그림 3-12] b접점 심벌

6.3 수동조작 자동복귀(c접점)

이 접점은 1개의 스위치에서 개로 접점, 폐로 접점 모두를 가지고 있다.

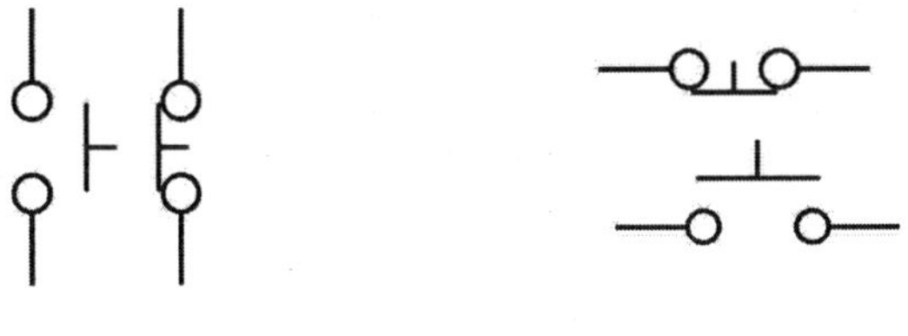

[그림 3-12] c접점 심벌

6.4 수동접점

on, off 스위치 접점을 수동으로 개로나 폐로할 수 있는 접점을 말한다.

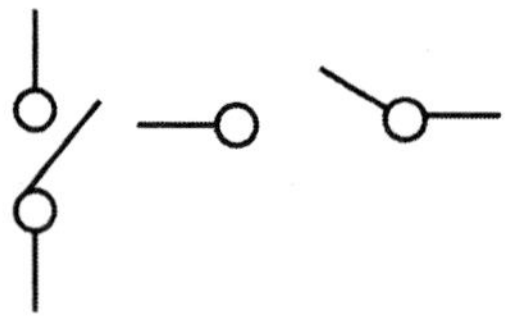

(a) 수동접점의 a접점

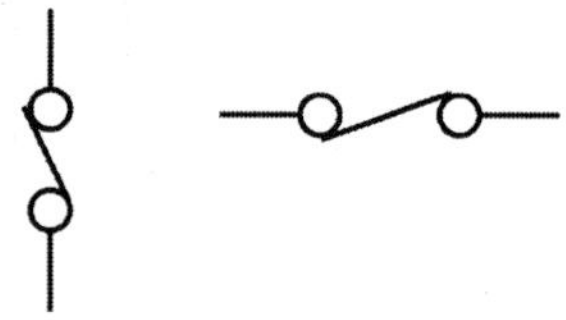

(b) 수동접점의 b접점

[그림 3-14] 수동접점

07 전자 릴레이

전자 릴레이란 코일(권선)에 전류를 흘릴 때 발생하는 자력의 힘으로 전기접점을 스위칭하는 장치를 말한다. [그림 3-15]에서 코일에 전류가 흐르면 가동철편이 흡입되어 a접점은 폐회로가 구성되고, 전원이 소거되면 a접점은 개방되고 b접점은 폐로된다. 릴레이 회로의 특징은 다음과 같다.

- 작은 전류에 의해 릴레이 코일을 동작시켜 대전류가 흐르는 부하기기를 동작시킬 수 있다.
- 직류(5[V], 24[V])에 의해 교류(예 110[V], 220[V])의 제어가 가능하다.
- 1개의 신호로 몇 개의 부하기기(전동, 모터, 경보기)를 제어할 수 있다.

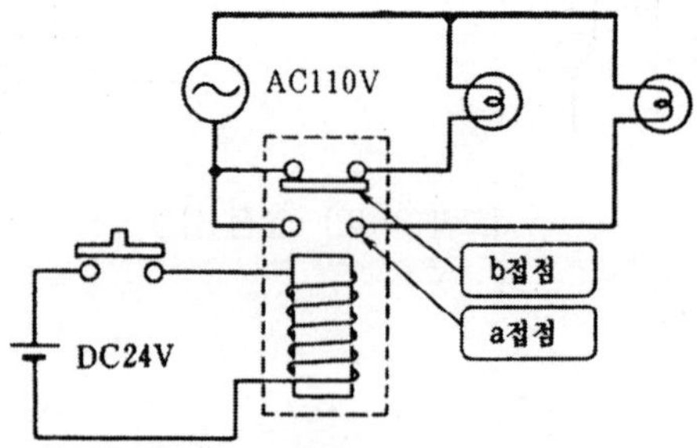

[그림 3-15] 전자 릴레이 동작원리

7.1 전자 릴레이(a접점)

전자 릴레이의 'a접점' 심벌은 전자 코일에 전류가 흐르지 않을 때의 상태에서 '열려 있는 접점'으로 표시한다.

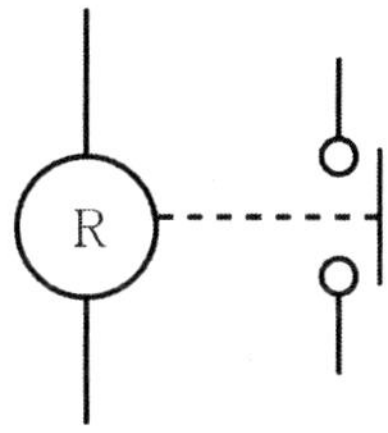

[그림 3-16] a접점 전자 릴레이 구조

(1) 전자 릴레이 a접점의 동작

- 나이프 스위치를 투입한다.
- 전자 릴레이의 전자 코일 Ⓡ에 전류가 흐른다.
- 전자 코일 Ⓡ에 전류가 흐르면 전자석이 되어 가동철편을 흡입해서 가동접점 쪽으로 힘을 받아 회로가 닫힌다.
- 전자 릴레이가 동작하면 램프 회로의 a접점이 닫히므로 폐회로가 되어 램프 Ⓛ은 점등한다.

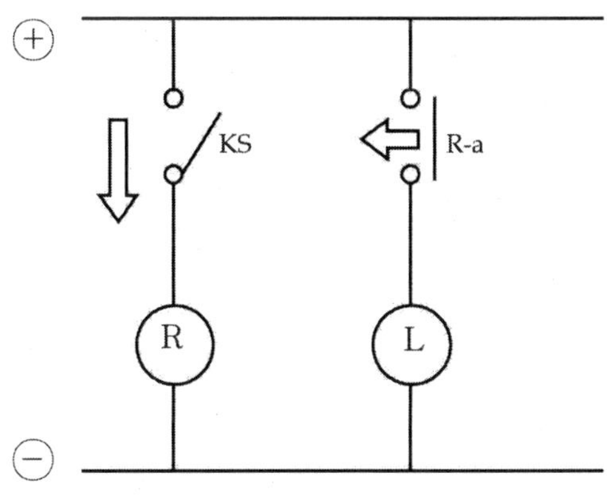

[그림 3-17] 전자 릴레이 a접점 동작회로

7.2 전자 릴레이(b접점)

전자 릴레이 b접점 심벌과 전자 코일에 전류를 흘리지 않을 때의 상태에서 닫혀 있는 접점이다.

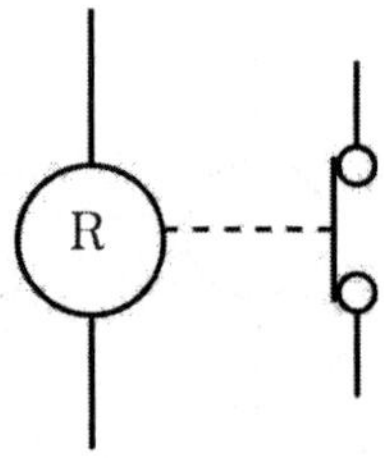

[그림 3-18] b접점 전자 릴레이 구조

(1) 전자 릴레이 b접점 동작

- 나이프 스위치 KS는 열려있는 상태이다.
- 전자 릴레이 전자 코일 Ⓡ에는 전류가 흐르지 않는다.
- 전자 코일 Ⓡ에 전류가 흐르지 않으므로 b접점(복귀상태)은 닫혀 있다.
- b접점이 닫혀 있으므로 램프 Ⓛ은 점등된다.

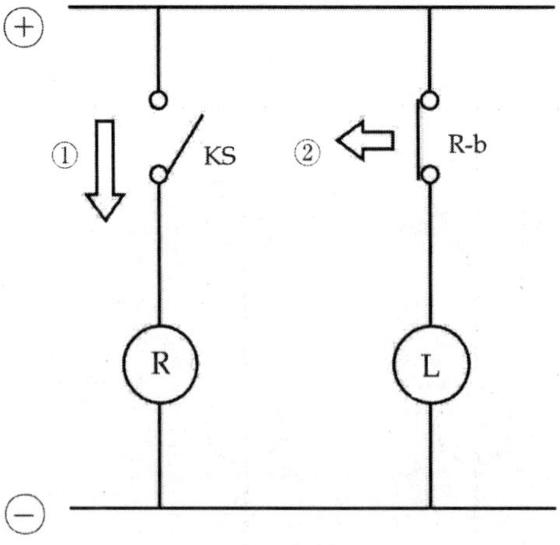

[그림 3-19] 전자 릴레이 b접점 동작회로

(2) 전자 릴레이 b접점 동작

- 나이프 스위치 KS를 투입한다.
- 전자 릴레이의 전자 코일 Ⓡ에 전류가 흐른다.
- 전자 코일 Ⓡ에 전류가 흐르면 코일은 전자석으로 되어 가동철판을 흡입해서 가동접점은 아래쪽으로 힘을 받아 열린다.
- 전자 릴레이가 동작하면 b접점이 열리므로 전류가 흐르지 않아 램프 Ⓛ은 소등된다.

7.3 전자 릴레이(c접점)

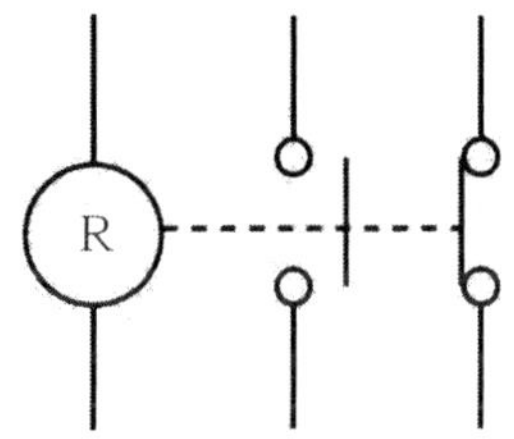

[그림 3-20] c접점 전자 릴레이 구조

(1) c접점의 복귀상태

- KS는 열려 있는 상태로 한다.
- 전자 릴레이의 전자 코일 Ⓡ에는 전류가 흐르지 않고 있다.
- 전자 코일 Ⓡ에 전류가 흐르지 않으므로 b접점은 닫혀 있다.
- b접점이 닫혀 있으므로 녹색 램프(GL)는 점등한다.
- 전자 코일 Ⓡ에 전류가 흐르지 않으므로 a접점은 열려 있다.
- a접점이 열려 있으므로 적색 램프(RL)는 소등되어 있다.

(2) c접점의 동작상태

- KS를 투입한다.
- 전자 릴레이의 전자 코일 Ⓡ에 전류가 흐른다.

- 전자 코일 Ⓡ에 전류가 흐르면 b접점은 열린다.
- b접점이 열리므로 녹색 램프(GL)는 소등된다.
- 전자 코일 Ⓡ에 전류가 흐르면 a접점은 닫힌다.
- a접점이 닫히므로 적색 램프(RL)는 점등한다.

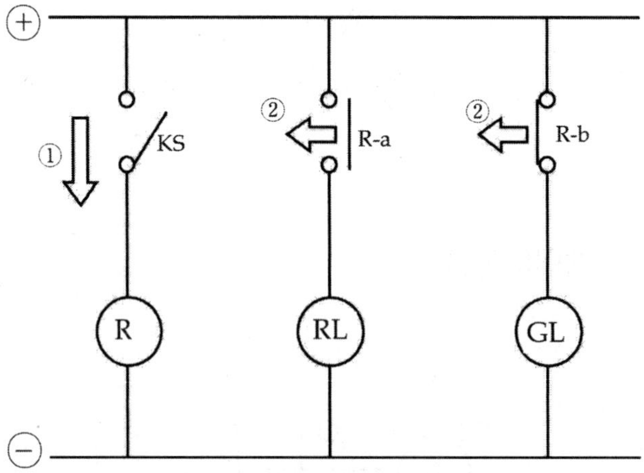

[그림 3-21] 전자 릴레이 c접점 동작회로

7.4 전자접촉기의 구조와 심벌

전자 릴레이를 대형으로 한 것과 같으며, 동작원리는 전자 릴레이와 같다. 소형 릴레이와 다른 점은 주접점 외에 보조접점이 있다.

(1) 동작원리

고정철심의 전자 코일에 전류가 흐르면 고정철심이 전자력이 발생되어 가동 주접점 및 보조접점에 흡입력을 발생하여 끌어당김으로써 가동철심과 고정철심 사이에 접점을 개폐할 수 있다. 만일 전자력이 발생하지 않는 경우에는 스프링 힘에 의해 복귀(개로)상태를 유지한다.

- 주접점 : 전동기 회로와 같이 큰 전류를 흘려도 안전한 대전류 용량의 접점을 말한다.
- 보조접점 : 소형의 전자 릴레이의 접점과 같이 작은 전류용량의 접점을 말한다.

전자 코일에 전류가 투입되면 주접점과 보조접점이 동시에 동작된다.

[그림 3-22] 전자접촉기의 외관

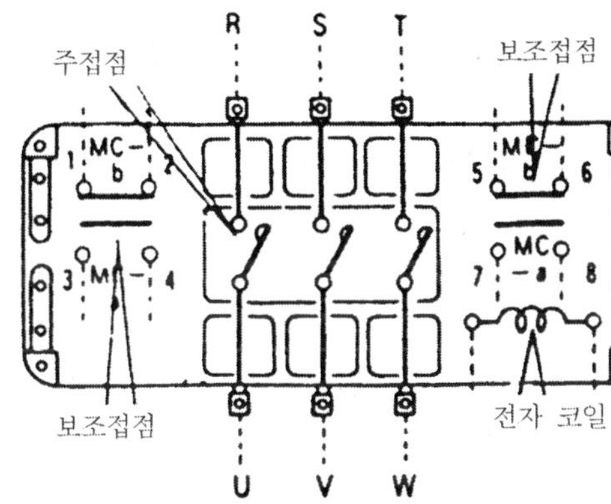

[그림 3-23] 전자접촉기 내부 결선도

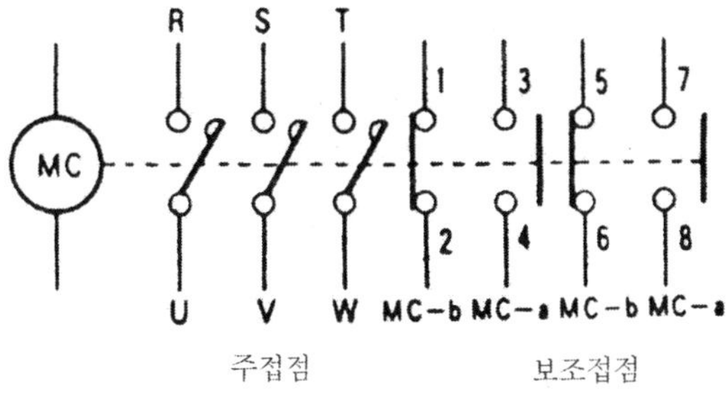

[그림 3-24] 전자접촉기 심벌

표 3-3 주요한 개폐 접점의 심벌

개폐기 종류	조작방식	a접점	b접점	설　명
수동조작 자동개폐기 접점	수동접점	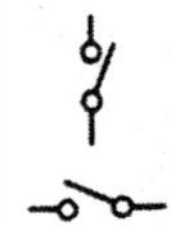	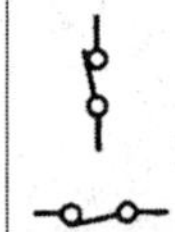	접점의 조작을 수동으로 하는 접점 (나이프 스위치, 텀블러 스위치)
	수동조작 자동복귀접점	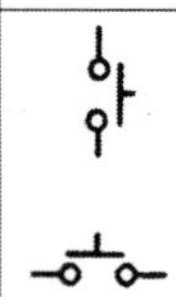	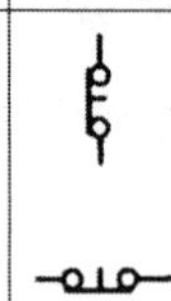	수동으로 폐로, 개로하고 손을 놓으면 스프링의 힘으로 원래상태로 되돌아오는 접점(버튼 스위치, 힌들 조작 스위치)
전자 릴레이 접점	자동복귀접점 (전자 릴레이접점)	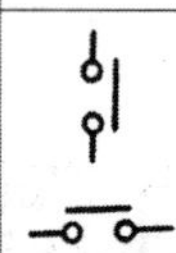	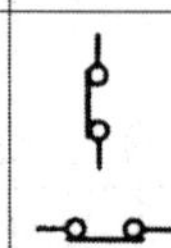	전자 릴레이가 여자되면 a접점이 닫히고 b접점이 열리며, 소자되면 원래의 상태로 복귀하는 접점(전자계전기 접점)
	수동복귀접점	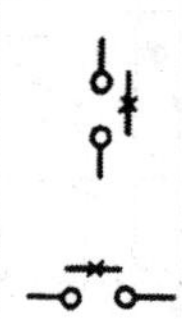	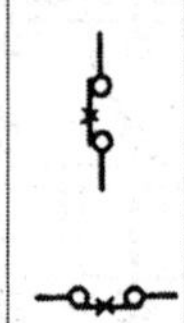	전자 릴레이가 여자되면 개로 또는 폐로되지만 소자되어도 원래 상태로 되돌아가지 못하고 있고 다시 수동으로 조작하여야만 되돌아오는 접점 (열동계전기 접점)
한시 릴레이 접점	한시동작접점	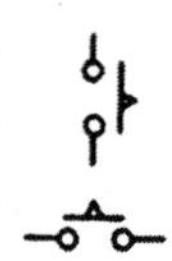	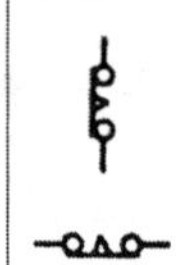	전자 릴레이 가운데 소정의 입력이 주어졌을 때부터 접점이 폐로 또는 개로하기까지 시간적 간격을 둔 것을 한시 릴레이라 한다. • 한시동작접점 : 동작시 시간지연이 생기는 접점 • 한시복귀접점 : 복귀시 시간지연이 생기는 접점
	한시복귀접점	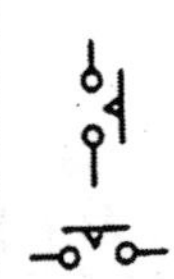	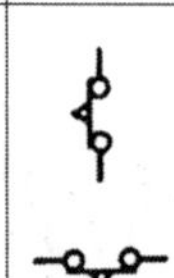	

08 시퀀스도 작성법

- 시퀀스도는 위에서 아래로 또는 좌에서 우로 작성한다.
- 동작순서는 상에서 하로 좌에서 우로 동작한다.
- 제어기기는 정지상태이고, 모든 전원이 off된 상태로 표시한다.

8.1 종서 시퀀스도 작성법

종서 시퀀스도 작성법은 회로 결선과 전류의 흐름이 상, 하 방향으로 표시된 것을 말한다.

- 전원 공급모선은 위, 아래 가로축으로 공급되어 횡선으로 표시한다.
- 각각의 스위치, 부하 등의 접속선은 전원모선 사이에서 위에서 아래로 표시한다.
- 기기 동작순서는 좌에서 우의 순서로 표시한다.
- 이 작성법은 시퀀스도에서 많이 사용되고 있다.

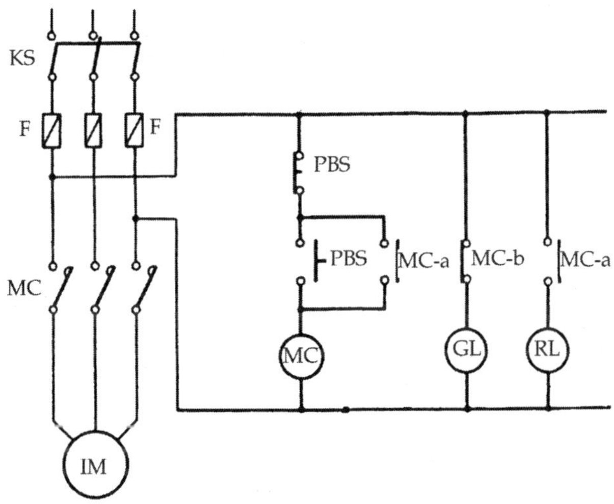

[그림 3-25] 종서 시퀀스도

8.2 횡서 시퀀스도 작성법

- 전원모선은 도면 좌우 외측에서 공급됨을 표시한다.
- 접속선 내의 전류 흐름은 왼쪽에서 오른쪽 방향으로 표시한다.
- 기기 동작순서는 위에서 아래로 표시한다.
- 이 작성법은 시퀀스도에서 많이 사용되고 있다.

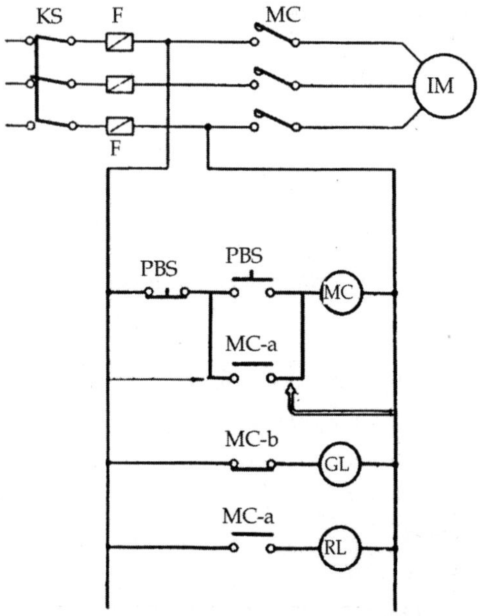

[그림 3-26] 횡서 시퀀스도

09 AND 회로

9.1 AND 회로 a접점 동작법(1)

AND 회로는 많은 접점을 모두 직렬로 접속한 회로를 말하며, 접점 a, b가 모두 닫혔을 때 전자 릴레이 X가 동작한다.

a접점의 푸시버튼 스위치 A, B를 2개 직렬로 접속하여 전자 릴레이 X의 전자 코일 Ⓧ의 회로에 연결한다.

- 푸시버튼 A를 누른다.
- 푸시버튼 B를 누른다.
- 전자 릴레이 X의 동작 조건이 생겨 전류가 흐르기 때문에 a 접점이 닫혀 램프가 점등된다.
- 푸시버튼 A 또는 푸시버튼 B 중 어느 1개라도 개방되면 전자 릴레이 X에는 전류가 흐르지 않게 되어 전등은 소등된다.

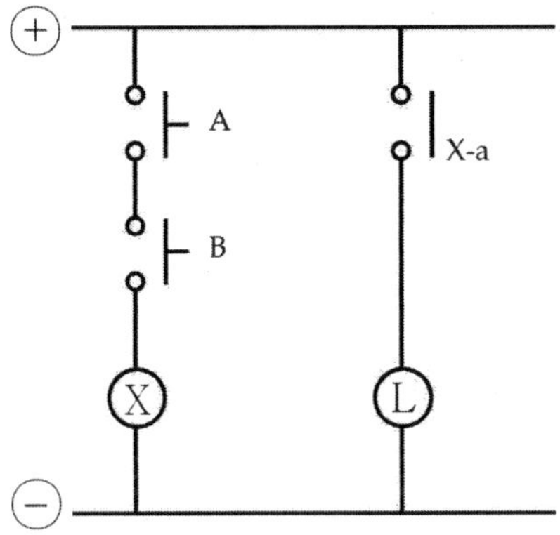

[그림 3-27] AND 회로 a접점(1)

9.2 AND 회로 a접점 동작법(2)

전자 릴레이 X_A의 a접점 X_{A-a}와 X_B의 접점 X_{B-a}를 2개 직렬로 접속하고 전자 릴레이 X의 전자 코일 ⓧ의 회로에 연결한다.

- 스위치 SA를 넣고 전자 릴레이 A를 동작시키면 접점 X_{A-a}가 닫힌다.
- 스위치 SB를 넣고 전자 릴레이 B를 동작시키면 접점 X_{B-a}가 닫힌다.
- 접점 X_{B-a}가 닫힘과 동시에 전자 릴레이 X의 동작조건이 생겨 전류가 흐르기 때문에 전자 릴레이 X는 동작하면서 X_{-a}가 닫혀 램프가 점등된다.
- 스위치 SA를 열어 전자 릴레이 X_A를 복귀하면 접점 X_{A-a}가 열린다.
- 접점 X_{A-a}가 열림과 동시에 전자 릴레이 X에는 전류가 흐르지 않게 되어 X_{-a}가 열리고 램프가 소등된다.

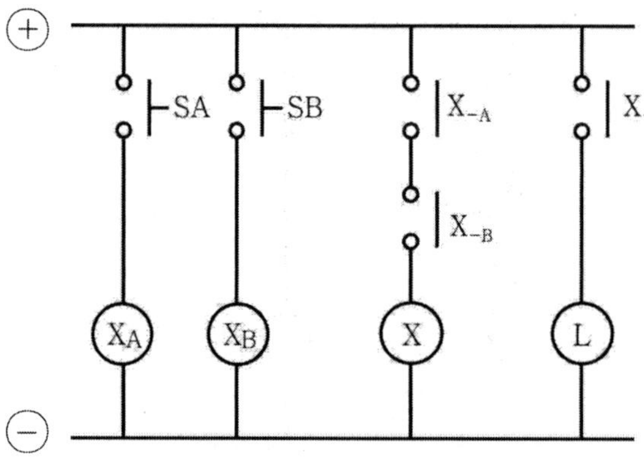

[그림 3-28] AND 회로 a접점

9.3 AND 회로 b접점 동작법(1)

b접점 AND 회로는 b접점 직렬회로로서 모든 b접점이 폐로하고 있을 때 도통되는 회로인데 NOT AND라고도 한다. b접점의 푸시버튼 스위치 C와 D를 2개 직렬로 접속하여 전자 릴레이 X의 전자 코일 Ⓧ의 회로에 연결한다.

- PBS C와 D는 b접점이므로 양쪽 모두 버튼을 누르지 않으면 전자 코일 Ⓧ에 전류가 흘러 전자 릴레이 X는 X_{-a}는 폐로되어 있다.
- PBS C와 D 어느 버튼을 눌러 동작하면 전자 릴레이 X에 전류가 흐르지 않고 전자 릴레이 X_{-a}는 개방되어 램프는 소등된다.

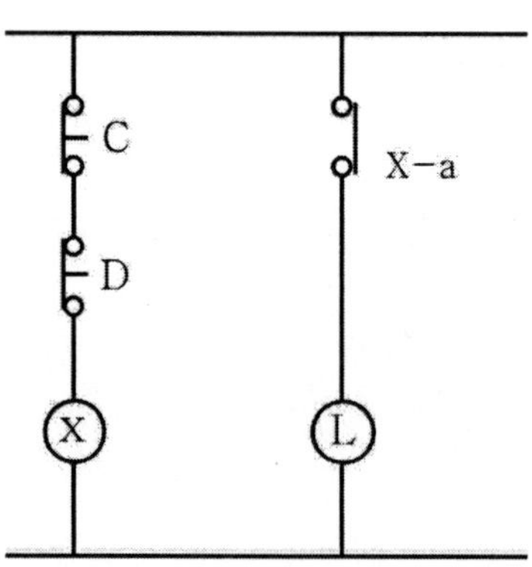

[그림 3-29] AND 회로 b접점(1)

9.4 AND 회로 b접점 동작법(2)

- 스위치 SC와 SD가 개방상태로 있으면 C-b와 D-b는 닫혀 있기 때문에 전자 코일 ⓧ에 전류가 흘러 전자 릴레이 X는 동작한다.
- 스위치 SC 또는 SD 중 어느 것이나 동작하면 전자 릴레이 동작회로가 끊어져 전류가 흐르지 않기 때문에 전자 릴레이 X_{-a}는 복귀한다.

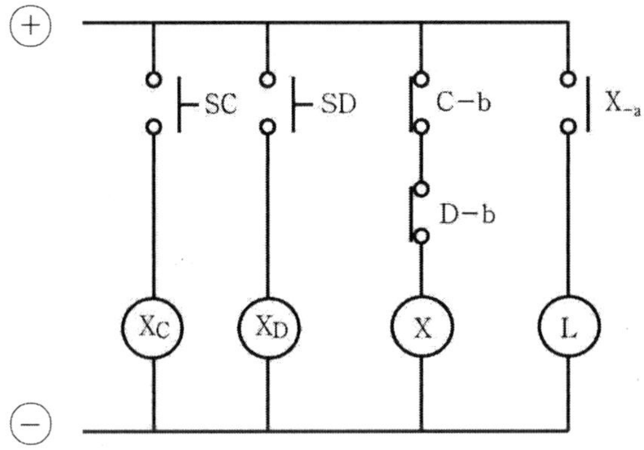

[그림 3-30] AND 회로 b접점(2)

9.5 a접점, b접점 AND 회로 동작법

(1) 푸시버튼 스위치에 의한 a접점, b접점 AND 회로

a접점과 b접점을 조합하여 직렬로 접속한 회로로서 모든 접점이 폐로하고 있을 때에 도통되는 회로이다.

- PBS E를 누르면 F-b는 닫혀 있으므로 전자 코일 ⓧ에 전류가 흘러 전자 릴레이 X는 동작한다.
- PBS E를 손에서 떼거나 접점 F-b를 열면 전자 릴레이 X는 복귀한다.

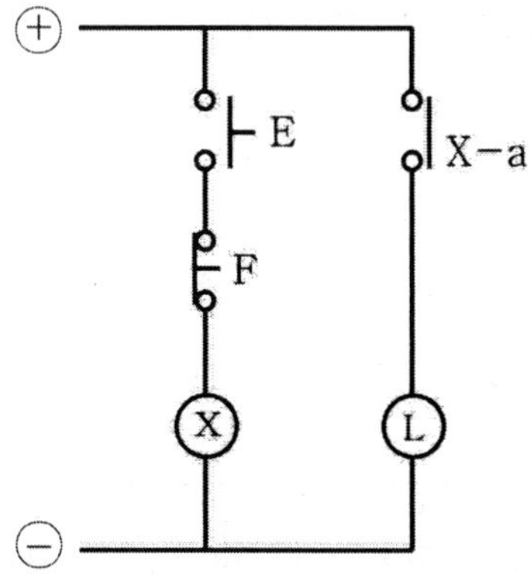

[그림 3-31] a접점, b접점 AND 회로(1)

(2) 전자 릴레이에 의한 a접점, b접점 AND 회로

- 초기상태에서는 두 스위치의 b 접점이 닫혀 있으므로 X가 여자되어 X_a 접점이 폐로되어 램프가 점등되어 있다. 스위치 E 또는 F를 누르면 b 접점 $X_{E\text{-}b}$ 또는 $X_{F\text{-}b}$가 개방되어 X에 전류가 차단되고 X_a 접점은 개방되고 램프는 소등된다.

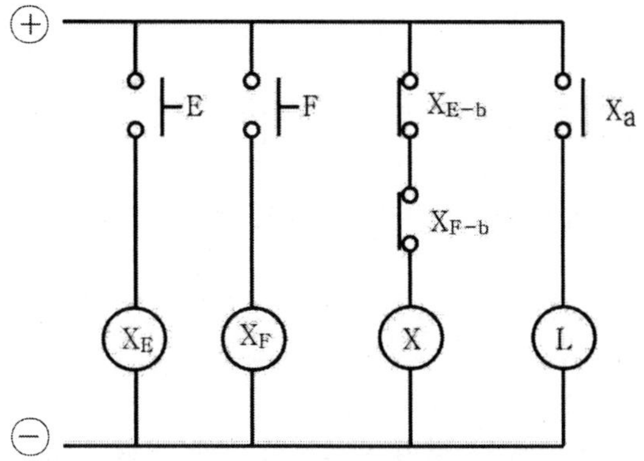

[그림 3-32] a접점, b접점 AND 회로(2)

10 OR 회로

10.1 a접점 OR 회로 동작법

OR 회로는 두 스위치를 병렬로 접속한 회로이며, 스위치 가운데 어느 하나의 접점이 닫혔을 때 전자 릴레이 X가 여자되는 회로이다.

10.2 a접점 OR 회로(1)

a접점 OR 회로는 a접점 병렬회로로서 어느 한 개의 a접점이 동작하여 폐로하면 도통되는 회로이다.

- PBS A 또는 B를 누르면 전자 코일 ⓧ에 전류가 흘러 전자 릴레이 X는 동작한다.
- PBS A와 B가 모두 복귀하면 전자 코일 ⓧ에 전류가 흐르지 않고 전자 릴레이 X는 복귀한다.

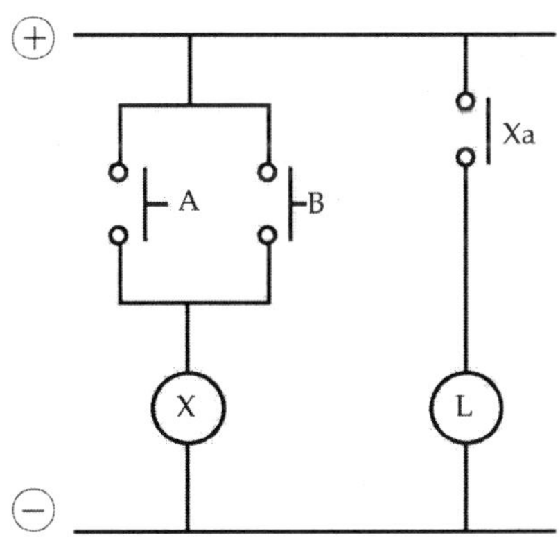

[그림 3-33] OR 회로 동작

10.3 a접점 OR 회로(2)

- 스위치 SA 혹은 SB를 넣고 전자 릴레이 X_A 또는 X_B를 여자하면 접점 X_{A-a} 혹은 X_{B-a}가 닫혀 전자 코일 Ⓧ에 전류가 흐름으로써 전자 릴레이 X는 동작한다.
- 스위치 SA와 SB를 모두 끊고 전자 릴레이 X_A, X_B를 소거하면 접점 X_{A-a}와 접점 X_{B-a}가 개로하여 전자 코일 Ⓧ에 전류가 흐르지 않는다.

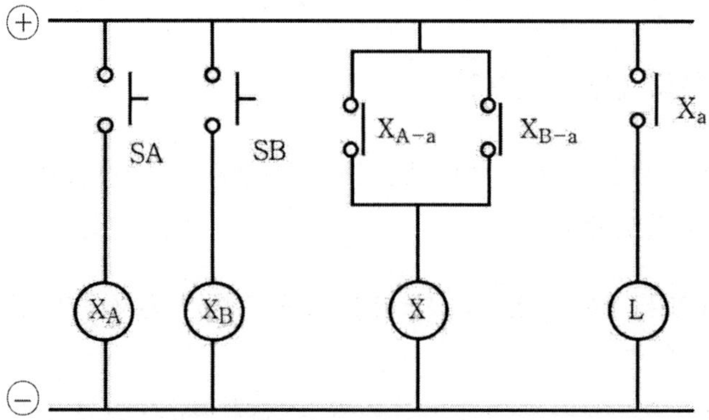

[그림 3-34] a접점 OR 회로

10.4 b접점 OR 회로(1)

b접점 OR 회로는 수개의 b접점을 병렬로 접속한 회로로서 어느 하나의 b접점의 폐로하고 있으면 도통되는 회로인데 NOT OR 회로라고도 한다.

- PBS C 혹은 D중 어느 하나만 복귀하고 있으면 전자 코일에 전류가 흘러 전자 릴레이 X는 동작한다.
- C와 D가 모두 동작하면 전자 코일 Ⓧ에 전류가 흐르지 않고 전자 릴레이는 복귀한다.

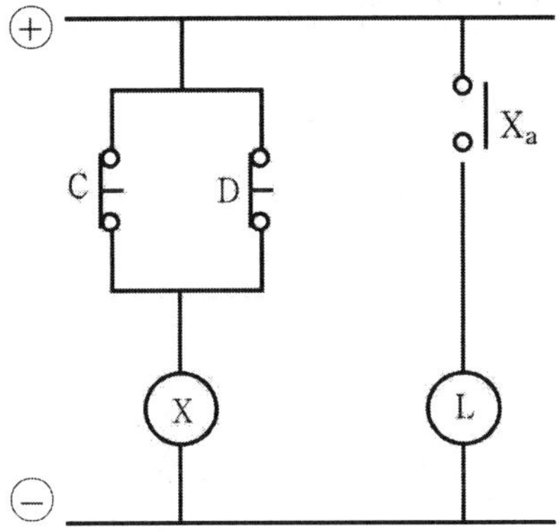

[그림 3-35] b접점 OR 회로(1)

10.5 b접점 OR 회로(2)

- 접점 $X_{C\text{-}b}$ 또는 $X_{D\text{-}b}$가 닫혀 있으면 전자 코일 ⓧ에 전류가 흘러 전자 릴레이 X는 동작한다.
- 스위치 C 또는 D를 넣고 전자 릴레이 X_C와 X_D를 동작시키면 접점 $X_{C\text{-}b}$와 $X_{D\text{-}b}$가 개로되고, 전자 코일 ⓧ에 전류가 흐르지 않기 때문에 전자 릴레이 X는 복귀한다.

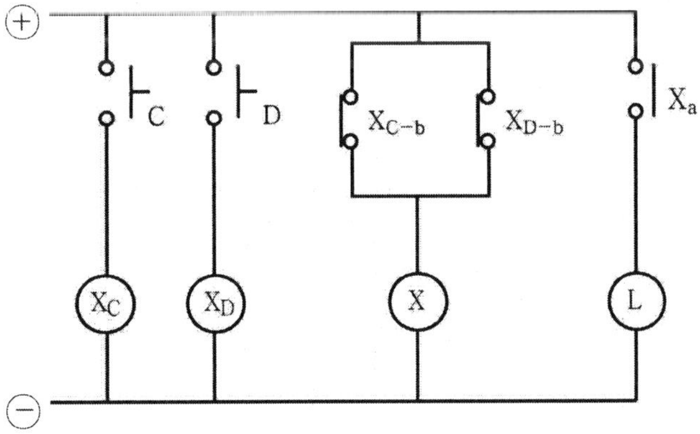

[그림 3-36] b접점 OR 회로(2)

10.6 a접점, b접점 OR 회로(1)

- PBS E를 눌러 접점 E-a가 닫히거나 PBS F가 복귀하여 F 접점이 닫히면 전자 코일 Ⓧ에 전류가 흘러 전자 릴레이 X_{X-a}는 동작한다.
- PBS E가 복귀하고 PBS F를 눌러 접점 F-b가 열리면 전자 코일 Ⓧ에 전류가 흐르지 않기 때문에 전자 릴레이 X는 복귀한다.

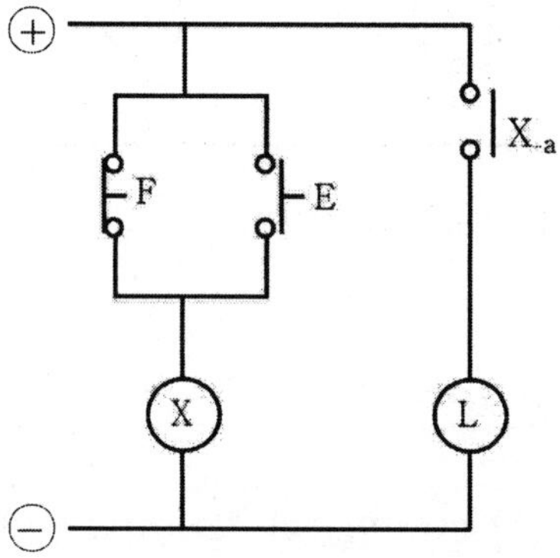

[그림 3-31] a접점 b접점 OR 회로(1)

10.7 a접점, b접점 OR 회로(2)

- 스위치 SE를 넣고 전자 릴레이 X_E를 동작시켜 접점 S_{E-a}가 닫히거나 또는 전자 릴레이 X_F를 복귀하여 접점 S_{F-b}를 닫으면 전자 코일 Ⓧ에 전류가 흘러 X는 동작한다.

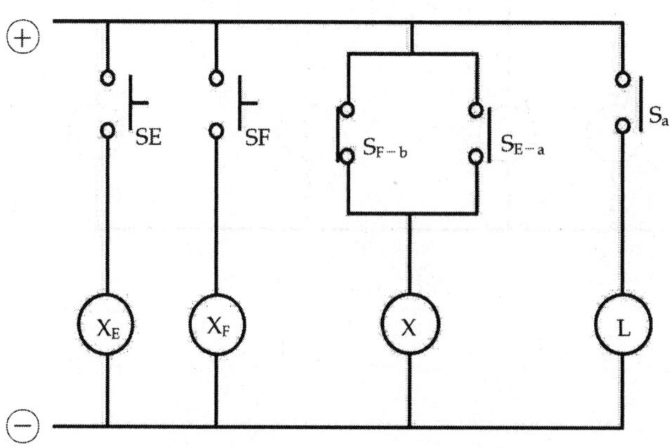

[그림 3-38] a접점, b접점 OR 회로(2)

- 스위치 SE를 끊고 전자 릴레이 X_E를 복귀시켜 접점 S_{E-a}를 열림과 동시에 스위치 SF를 넣고 접점 S_{F-b}를 열면 전자 코일 ⓧ에 전류가 흐르지 않으므로 전자 릴레이 X는 복귀한다.

11 자기유지회로

자기유지회로는 전자 릴레이에 가해진 입력신호를 자기 자신의 동작접점에 의해 바이패스하여 계속적으로 동작신호를 유지하는 것을 말한다. 또한 자기유지회로는 펄스 모양의 짧은 신호를 연속적인 신호로 변환하는 기억기능을 갖는 장점을 가진다.

11.1 구 성

시동용 a접점스위치와 정지용 b접점 스위치를 직렬로 연결하고 전자 릴레이 X의 전자 코일 ⓧ에 연결한다. 시동용 PBS a접점과 병렬로 전자 릴레이 X의 a접점 (X-a)을 연결하면 이 X-a가 자기 유지접점이 된다. 시동용 PBS와 정지용 PBS로 전자 릴레이 X에 동작명령과 복귀명령을 할 수 있다.

(1) 동작시

- 시동용 PB2를 누른다.
- PB2를 누르면 전자 코일 ⓧ에 전류가 흐른다.
  전원 ⊕ → PBS1 → PBS2 → 전자 코일 ⓧ → 전원⊖
- 전자 릴레이 X가 동작한다.
- 전자 릴레이 X가 동작하면 PBS2(시동용)에 병렬로 접속되어 있는 전자 코일 a접점 X-a가 닫힌다.
- PBS2(시동용) 버튼을 off한다.
- PBS2가 복귀하더라도 전자 코일 ⓧ에 자기 자신의 a접점 X-a를 지나서 전류가 흐르기 때문에 전자 릴레이 X는 동작을 계속하게 된다.
  전원 ⊕ → PB1 → X-a → ⓧ → 전원 ⊖

(2) 정지시

- 정지용 PBS1를 누른다.
- 정지용 PBS1를 누르면 전자 코일 Ⓧ에 전류가 흐르지 않게 된다.
- 전자 릴레이 X가 복귀한다.
- 전자 릴레이 X가 복귀하면 PB2에 병렬로 접속된 a접점 X-a가 열린다.
- PBS1(정지용)이 다시 복귀하여 닫히더라도 접점 X-a가 열려 있으므로 전자 코일 Ⓧ에는 전류가 흐르지 못하고 전자 릴레이 X_{-a}는 복귀한 채로 있다.
- 램프는 소등되어 있다.

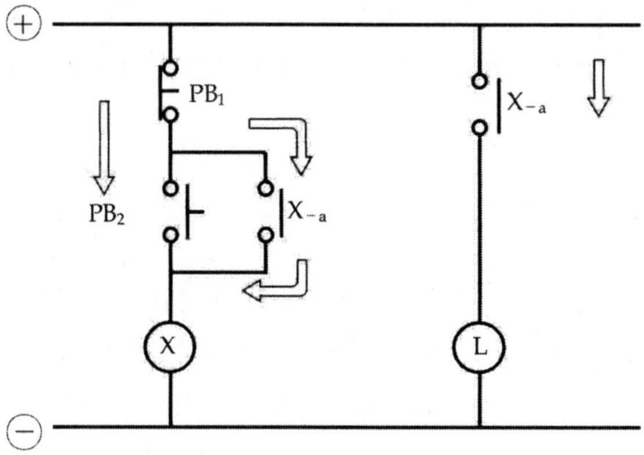

[그림 3-39] 자기유지회로

12 인터록 회로

인터록(interlock) 회로는 복수의 동작을 서로 연관시키는 것으로서 어떤 조건이 구비될 때까지 동작을 저지하는 것을 말한다. 이 회로는 주로 기기의 보호와 조작자의 안전을 목적으로 하고 있다. 전자접촉기 전자 코일 MC1의 a접점과 직렬로 전자접촉기 MC2의 b접점을 접속한다.

또한 전자접촉기 전자 코일 MC2의 a접점과 직렬로 전자접촉기 MC1의 b접점을 접속한다. 이 회로는 한쪽의 전자접촉기가 동작하고 있을 때는 다른 쪽 전자접촉기는 동작하고 있는 전자접촉기의 b접점에 의해 개방되어 있어 동작하는 일이 없다.

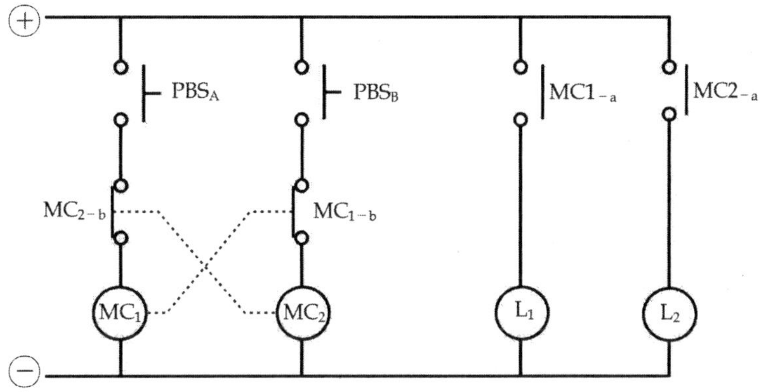

[그림 3-40] 인터록 회로

12.1 인터록 회로 동작법

(1) 전자접촉기 MC_1 동작

- 전자접촉기 MC_1회로의 PBS_A를 누른다.
- 전자 코일 MC_1에 전류가 흘러 전자 코일이 동작한다.
- MC_1가 동작하면 b접점 $MC_{1\text{-}b}$가 열린다.
- PBS_B를 눌러도 $MC_{1\text{-}b}$가 개로되어 MC_2에는 전류가 흐르지 않는다.

(2) 전자접촉기 MC2 동작

- 전자접촉기 MC_2 회로의 PBS_B를 누른다.
- 전자 코일 MC_2에 전류가 흘러 전자 코일이 동작한다.
- MC_2가 동작하면 b접점 $MC_{2\text{-}b}$가 열린다.
- PBS_A를 눌러도 $MC_{2\text{-}b}$가 개로되어 MC_1에는 전류가 흐르지 않는다.

그러므로 인터록 회로에서는 1개 회로가 동작하는 경우 다른 스위치는 절대 동작할 수 없다.

(3) 인터록 회로 예

전동기의 정·역전 제어의 인터록 회로는 정회전용 전자접촉기 MCF를 투입하면 전동기에는 3상 전원이 인가되어 기동한다. 그때의 회전방향을 정으로 한다. MCF가 개방되고 역전용 전자접촉기 MCR가 투입되면 3상 전원 가운데 2상이 바뀌어 전동기는 반대방향으로 회전하게 된다(전동기의 정·역전 제어).

전동기의 정·역전 제어의 조작중에 정전용과 역전용의 전자접촉기가 동시에 동작되지 않도록 전자접촉기 MCF와 MCR와는 서로 b접점을 상대방의 전자 코일에 넣음에 의해서 전기적으로 인터록을 행한다.

만일 인터록 회로가 없어 MCR와 MCF가 동시에 투입될 경우 R상과 T상은 선간단락이 되어 큰 단락전류가 흐른다.

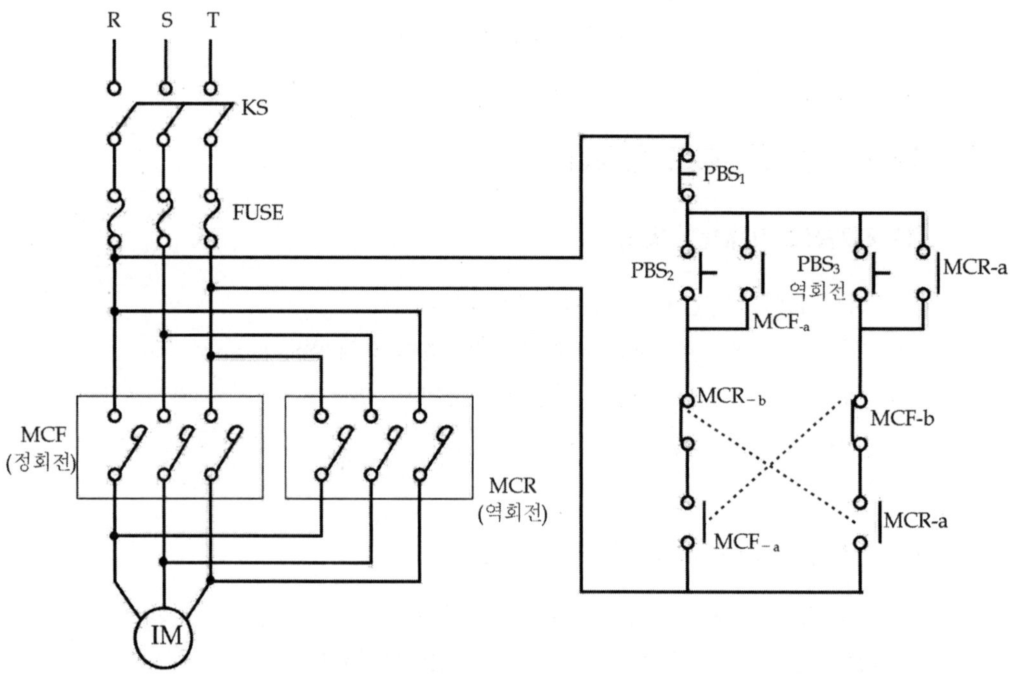

[그림 3-41] 전동기의 정·역전 제어 시퀀스도

13 선택회로

시퀀스 제어장치를 수동제어 또는 자동제어 겸용으로 사용하는 경우에 선택회로를 구성할 수 있다. 자동양수 장치에서 급수 펌프로 물탱크에 물을 공급함에 있어 자동제어용 액면 스위치가 고장났을 경우 혹은 특별한 상황에서 수동으로도

운전할 수 있도록 수동·자동 전환 회로(선택회로)가 사용된다.

- 전환개폐기 스위치를 자동측으로 전환하면 액면 스위치 LS-h와 LS-L에 의해 자동 운전된다.
- 전환개폐기 수동측으로 전환하면 수동조작 스위치 S의 개폐에 의해 전자 접촉기가 on, off되면서 수동 운전된다.

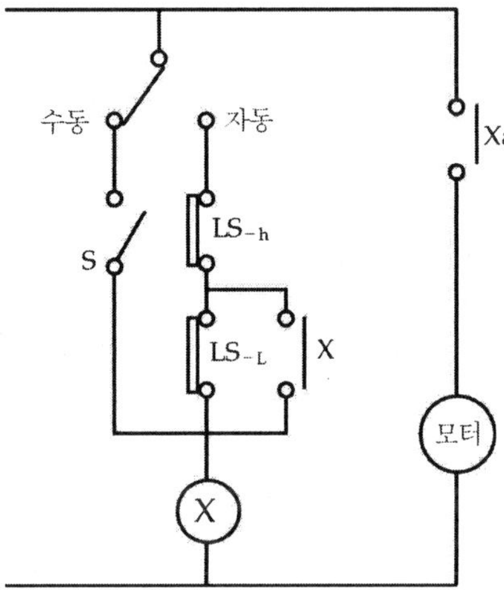

[그림 3-42] 선택회로

14 표시등 회로

표시등 회로는 전자접촉기나 개폐기류의 개로·폐로 상태, 기기의 운전, 정지의 동작상태를 표시하는 데 쓰인다.

14.1 1등식 표시등 회로

1등식은 전자 릴레이의 개폐, 기기의 운전·정지 등을 램프의 점멸에 의해 표시하는 것이다. 1등식 표시등은 몇 개를 병렬로 연결하여 시퀀스 동작 진행 상태를 표시할 수 있다.

동작설명은 전자 릴레이 MC가 여자되면 a접점 MC-a가 닫혀 적색 램프 RL이 점등된다.

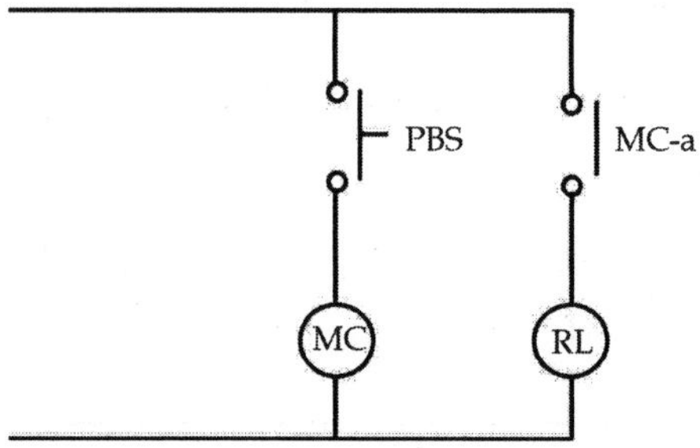

[그림 3-43] 1등식 표시등 회로

14.2 2등식 표시등 회로

2등식은 개폐기기의 운전·정지를 표시할 수 있다. 전자 코일 MC에 전류가 흐를 때 적색 램프(a접점)는 점등되고, 녹색 램프(b접점)는 소등된다. 전자 코일 MC에 전류가 흐르지 않으면 램프의 동작은 반대로 된다.

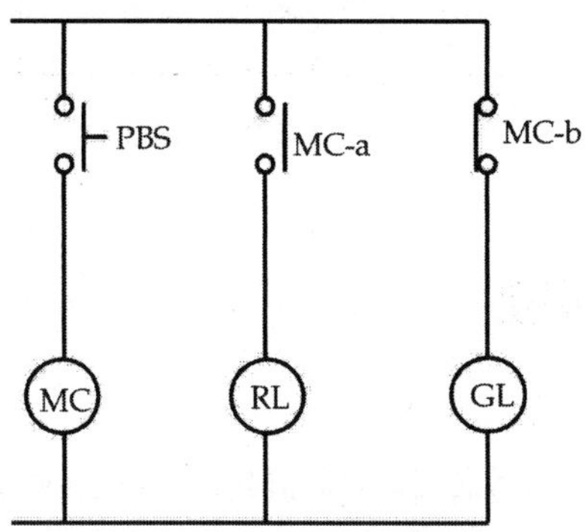

[그림 3-44] 2등식 표시등 회로

15 논리회로

논리대수는 어떤 조건이 참이면 1로 나타내고 어떤 조건이 거짓이면 0으로 표시한다. 전자 릴레이 접점의 개폐상태를 1과 0으로 나타내면 이들 릴레이 회로에 논리대수를 적용할 수 있다.

릴레이에 전류가 흐르지 않으면 a접점이 열려 있으므로 "0 혹은 1이 아니다"라고 표현한다($0=\bar{1}$). 릴레이에 전류가 흐르면 a접점이 닫혀 있으므로 "1 혹은 0이 아니다"라고 표현한다($1=\bar{0}$ —은 "아니다"라는 표현이다).

15.1 논리대수

입력접점 X의 개폐에 대한 전자 릴레이의 출력접점의 동작관계는 다음과 같다.

- 입력접점 X가 열려 있을 때 출력접점 A는 열려 있다(X=0 A=0).
- 입력접점 X가 닫혀 있을 때 출력접점 A는 닫혀 있다(X=1 A=1).

15.2 논리회로도

논리부정(NOT 회로), 논리적(AND 회로), 논리화(OR 회로) 등을 논리기호로 나타내어 시퀀스 제어회로의 논리관계를 표시하는 그림을 말한다. 이것은 무접점 릴레이 등의 논리소자의 동작을 나타내는 데 주로 사용된다.

(1) 논리부정

논리부정은 입력이 있있을 경우에 출력신호를 발하지 않고 입력이 없는 경우 출력을 나타내는 논리를 말한다. 입력접점 X가 0일 때 출력접점은 1이고, X가 1일 때 출력접점은 0이 되어 입력에 대하여 출력이 항상 반대 상태로 된다.

(2) 논리적

논리적인 입력조건 X_1, X_2가 모두 성립되어야 출력이 나오는 논리이다. 접점 X_1, X_2가 모두 폐로(1)일 때 출력접점 A가 폐로(1)가 된다. 어느 것이 0이 되는 경우 출력접점도 0이 된다. AND 회로라고 한다.

(3) 논리화

논리화는 입력조건 X_1, X_2 가운데 한 개라도 성립되면 출력 A가 나오는 논리를 말한다. 입력접점 X_1, X_2 가운데 어느 것이나 0이 될 때 출력접점 A는 1이 된다. OR 회로라고 한다.

(4) 논리적 부정

논리부정은 NOT 회로와 AND 회로를 결합한 논리로서 NAND 회로라고 한다. 입력접점 X_1, X_2의 양쪽의 모두 1일 때 출력접점 A는 0이 된다. 입력접점 X_1, X_2 가운데 어느 것이든 1일 때 출력접점은 1로 된다.

(5) 논리화 부정

논리화 부정은 NOT 회로와 OR 회로를 결합한 논리로서 NOR 회로라고 한다. 입력접점 X_1, X_2 가운데 어느 하나가 1일 때 출력 A는 0이 된다.

15.3 자기유지회로의 논리회로 예시

자기유지회로에서 PBS와 Mc-a가 OR 회로로 되어 있고, PBS와는 직렬(AND) 회로로 연결되어 있으며, 이 출력이 MC에 가해지도록 되어 있다.

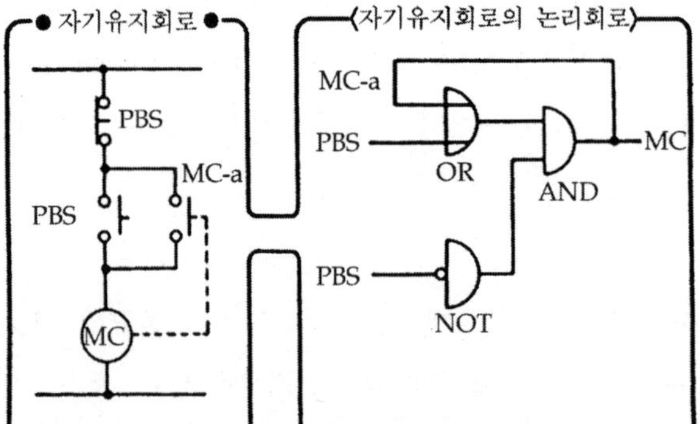

[그림 3-45] 자기유지회로의 논리회로

표 3-4 논리회로도

구분	NOT 회로			AND 회로			OR 회로			NAND			NOR 회로		
논리 기호	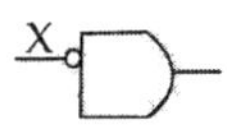			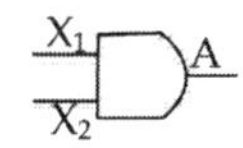			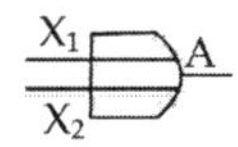			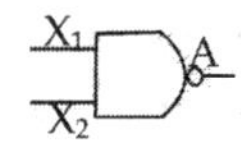			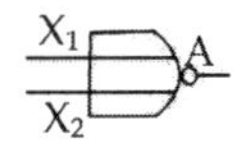		
무접점 논리 기호				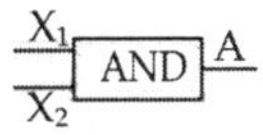			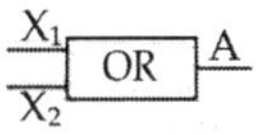						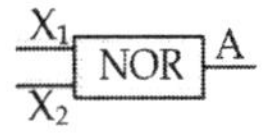		
유접점 릴레이 회로	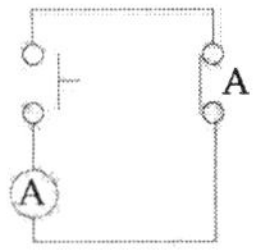			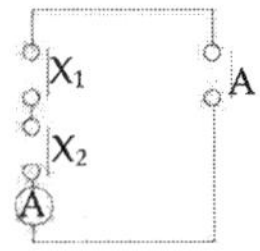			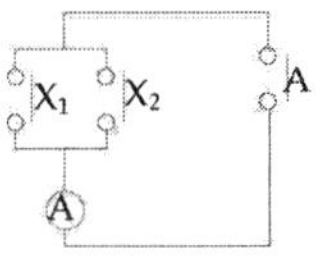			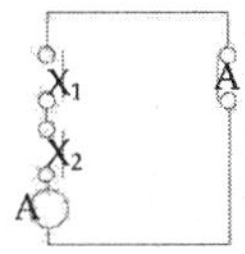			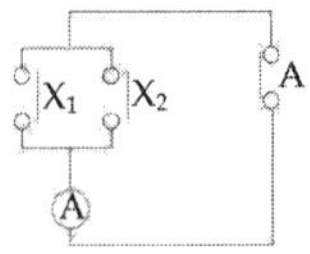		
논리식	$A=\overline{A}$			$A=X_1 \cdot X_2$			$A=X_1+X_2$			$A=\overline{X_1} \cdot \overline{X_2}$			$A=\overline{X_1+X_2}$		
동작표	입력		출력	입력		출력	입력		출력	입력		출력	입력		출력
	X		$A=\overline{X}$	X_1	X_2	$A=X_1 \cdot X_2$	X_1	X_2	$A=X_1+X_2$	X_1	X_2	$A=\overline{X_1} \cdot \overline{X_2}$	X_1	X_2	$A=\overline{X_1+X_2}$
	0		1	0	0	0	0	0	0	0	0	1	0	0	1
	1		0	1	0	1	1	0	1	1	0	1	1	0	0
				0	1	0	0	1	1	0	1	1	0	1	0
				1	1	1	1	1	1	1	1	0	1	1	0

16 자동 양수장치의 동작기구

자동 양수장치란 급수원에서 전동펌프로 물을 물탱크에 퍼올려 여러 곳으로 분배하는 것을 말한다. 이 장치는 물탱크의 수위에 상한과 하한을 정하여 액면 스위치(레벨 스위치)를 써서 수위가 하한에 달했을 때 전동펌프를 기동하고 상한이 될 때까지 운전을 계속하여 수위가 상한에 도달하면 전동펌프를 정지시킨다. 이 장치는 물탱크를 자동적으로 급수하기 때문에 항상 일정한 양 이상의 물을 저장할 수 있다.

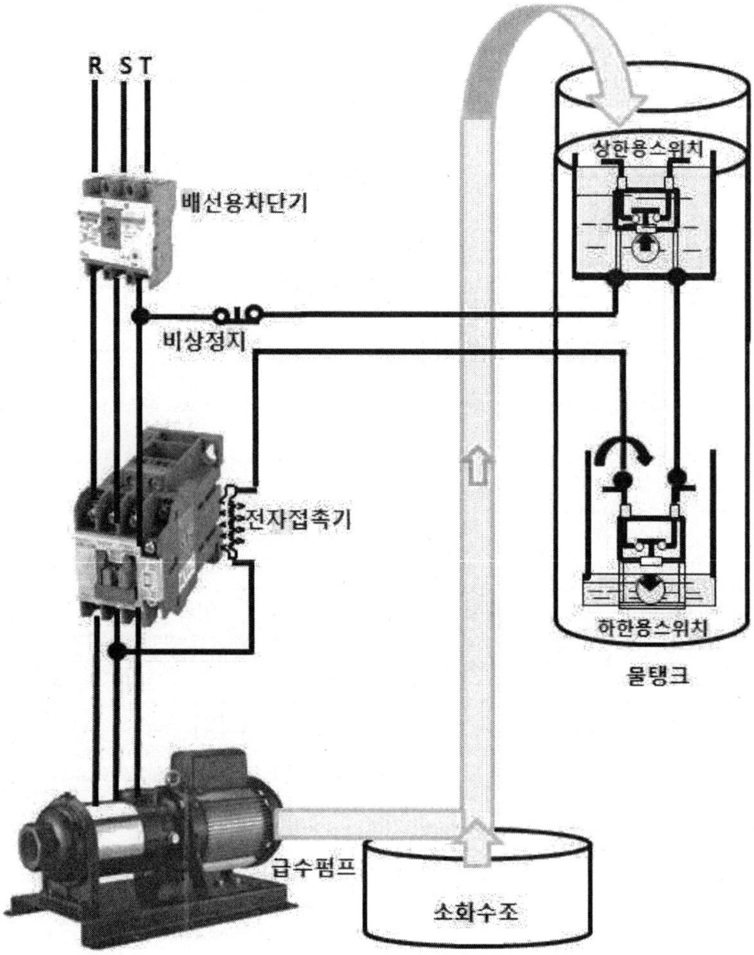

[그림 3-46] 자동 양수장치 시퀀스도

16.1 액면 스위치

여러 가지 물질의 표면 수위를 검출하는 스위치이며, 볼의 부력에 의해서 내장된 마이크로 스위치를 동작시킨다.

(1) 액면 스위치가 수중에 있는 경우

내장된 마이크로 스위치를 b접점(상시 폐로 동작 개로형)으로 하면 액면 스위치가 수중에 있는 경우 볼의 부력에 의해 동작하여 개로한다.

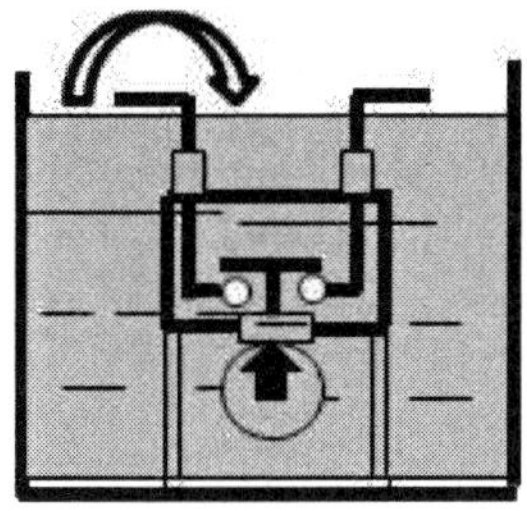

[그림 3-47] 액면 스위치(접점 off 상태)

(2) 액면 스위치가 수면상에 있는 경우

액면 스위치가 수면상에 있으면 볼에 부력이 없어서 마이크로 스위치가 눌러지지 않아 b접점은 복귀하여 폐로된다.

[그림 3-48] 액면 스위치(접점 on 상태)

16.2 자동 배수장치 시퀀스 동작 I

자동 양수장치의 물통수위가 하한이 되면 전동펌프는 기동·운전하여 탱크에 물을 공급한다.

16.3 동작순서

- KS를 투입한다.
- 스위치를 닫는다.
- 물탱크 수위가 하한인 경우 하한 액면 스위치에 부력이 없어져 b접점을 복귀하여 폐로한다.
- 전자 릴레이의 코일 Ⓧ에 전류가 흐르고 X_1, X_2접점이 닫혀지면서 주접촉기

MC에 여자되면서 주접점이 닫히고 유도전동기가 기동한다.

- 전동펌프의 기동으로 물탱크의 수위가 상승하면 액면 하한 스위치가 부력에 의해서 접점이 열린다. 액면 스위치 접점이 열려도 보조접점 X_2에 의해 전자 코일 Ⓧ에 전류가 흐르므로 전동기는 계속 운전한다.

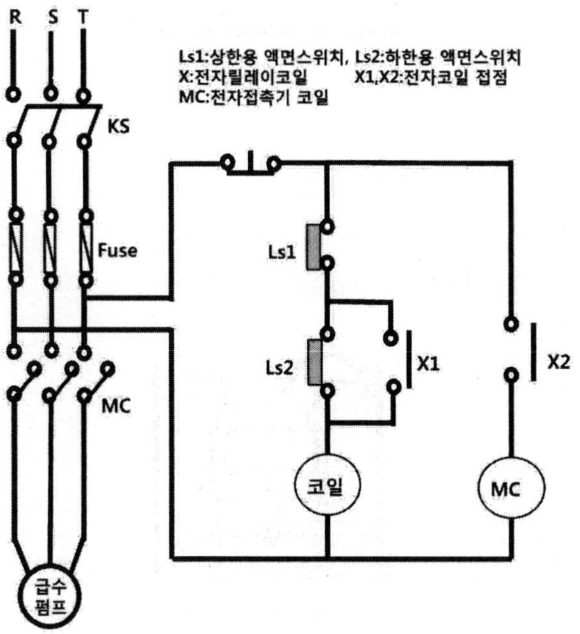

[그림 3-49] 액면 스위치 회로가 포함된 급수펌프 회로

- 자동 양수장치의 물탱크 수위가 상한이 되면 전동펌프는 정지하고 물을 탱크에 더이상 급수시켜서는 안 된다. 전동펌프의 운전에 의해 물탱크 수위가 상승하여 상한수위에 도달하면 상한용 액면 스위치의 볼에 부력이 생기면서 b접점이 동작하여 개로 된다.
- 전자 릴레이의 전자 코일 Ⓧ에 전류가 흐르지 않게 되어 X_1, X_2는 복귀하여 유도전동기는 정지한다.

16.4 탱크 수위 저하시

- 물탱크의 물을 사용함으로써 수위가 저하되면 상한 액면 스위치는 부력이 없어져 b접점이 복귀한다.

- b접점이 복귀하여도 하한 액면 스위치 접점, 전자 릴레이 코일이 열려 있으므로 유도전동기는 정지하고 있다.
- 물의 수위가 하한 액면 스위치 이하로 내려가면 하한 액면 스위치가 동작하여 유도전동기를 동작시킨다.

17 전동기의 기동 · 정지 상태 제어

17.1 전자접촉기의 내부 접촉도

유도전동기의 개폐는 전자접촉기로 행하여지며, 전자접촉기의 개폐동작은 2개의 푸시버튼 스위치로 조작하여 전동기가 운전시에는 적색 램프(RL), 정지시에는 녹색 램프(GL)가 점등된다.

시퀀스도에서 기동버튼을 누르면 전자접촉기가 투입되어 미리 정해진 순서에 따라 전동기는 기동 · 운전된다. 또한 정지버튼을 누르면 전동기는 정지한다.

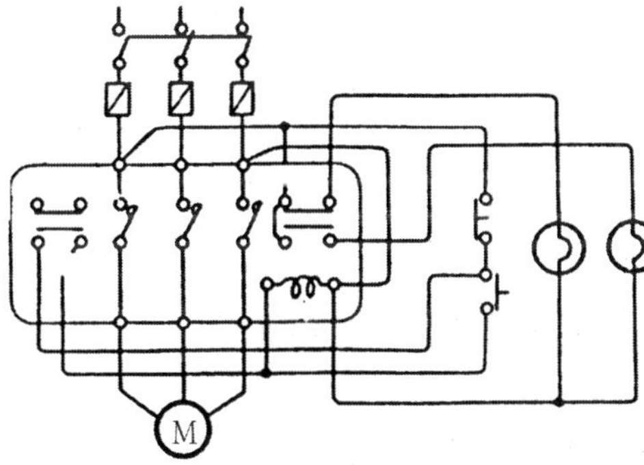

[그림 3-50] 실제 배선도

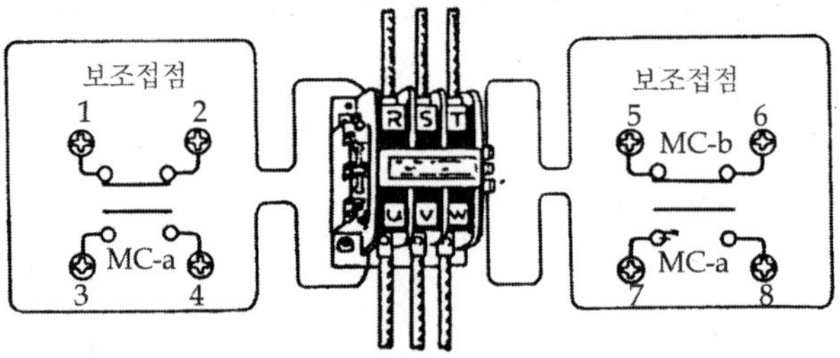

[그림 3-51] 전자접촉기 접점구성

17.2 전동기의 기동 동작

- KS를 투입하면 전원전압이 인가되어 녹색 램프(GL)가 점등된다.
- 기동 PBS를 누르면 전자접촉기 전자 코일(MC : Magnetic Coil)에 전류가 흘러 전자접촉기 MC가 동작한다.
- 전자접촉기 주접점이 닫히므로 유도전동기에 전압이 인가되어 전동기는 기동한다.
- 주접점 MC가 닫히면서 전자접촉기 보조접점 MC-a도 닫힌다.
- PBS에서 손을 떼어도 MC-a(자기유지)에 의해 전자 코일 MC에 전류가 흐르므로 전동기는 계속 회전한다.

17.3 전동기의 정지 동작

- 전자 코일 MC에 전류가 흐르면 주접점이 닫히면서 보조접점 MC-a와 MC-b가 동작하여 GL은 꺼지고 RL이 점등된다.
- 정지용 PBS를 누르면 전자접촉기의 전자 코일 MC에 전류가 흐르지 않게 되어 전자접촉기 주접점은 열린다.
- 전자접촉기가 열리면서 전동기는 정지한다.
- MC-a는 개로하고 적색 램프는 꺼진다. MC-b는 폐로하여 녹색 램프는 점등된다.

18 타이머 회로 제어

일반적인 전자 코일은 여자되거나 무여자될 때 거의 동시에 접점이 따라 움직이는 순시동작, 순시복귀 동작을 수행한다. 이에 반해 전자 코일이 여자 또는 무여자될 때 접점의 동작에 일정시간 지연이 있는 접점을 한시접점이라 한다. 이것에는 다시 전자 코일이 여자될 때 동작시간 지연이 있는 한시동작 순시복귀와 전자 코일이 무여자가 될 때 복귀에 시간지연이 있는 순시동작 한시복귀로 나누어진다.

18.1 순시동작 순시복귀

전자 코일이 여자되면 a접점은 즉시 폐로되고, b접점은 즉시 개로한다. 전자 코일이 무여자되면 a접점은 즉시 개로되고, b접점은 즉시 폐로가 된다.

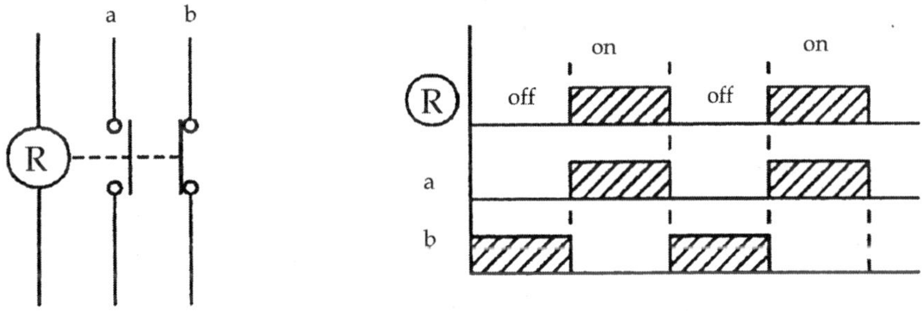

[그림 3-52] 순시동작 순시복귀

18.2 한시동작 순시복귀

타이머의 코일 T가 무여자일 때 한시동작 a접점은 개로상태이고, 한시동작 b접점은 폐로상태이다. 이때 타이머 코일이 여자되면 한시동작 a접점은 즉시 붙지 않고 타이머 설정시간 후에 폐로된다. 이와는 반대로 한시동작 b접점은 시간지연 후에 개로된다. 즉 동작에 시간지연이 있다. 그러나 타이머의 코일이 무여자되면 한시 a접점, 한시 b접점은 모두 원래 상태로 복귀한다. 이 때문에 이 회로를 한시동작 순시복귀 접점이라 한다.

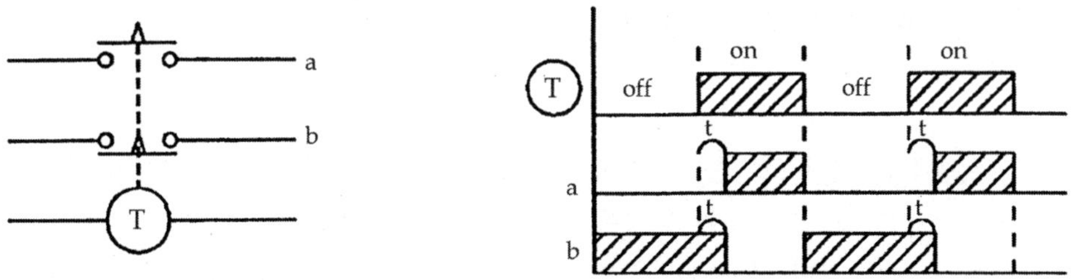

[그림 3-53] 한시동작 순시복귀

18.3 순시동작 한시복귀

타이머가 무여자일 때 한시복귀 a접점은 개로상태이고, 한시복귀 b접점은 폐로상태이다. 타이머가 여자되면 한시복귀 a접점은 즉시 폐로되고, 한시접점 b접점은 즉시 개로된다. 이때 타이머가 무여자되면 한시복귀 a접점은 일정시간 후 개로되고 한시복귀 b접점도 일정시간 후 폐로된다. 즉 타이머 여자와 동시에 접점이 동작하고, 여자 코일 전원이 없어지면 일정시간 지연 후 접점이 복귀된다.

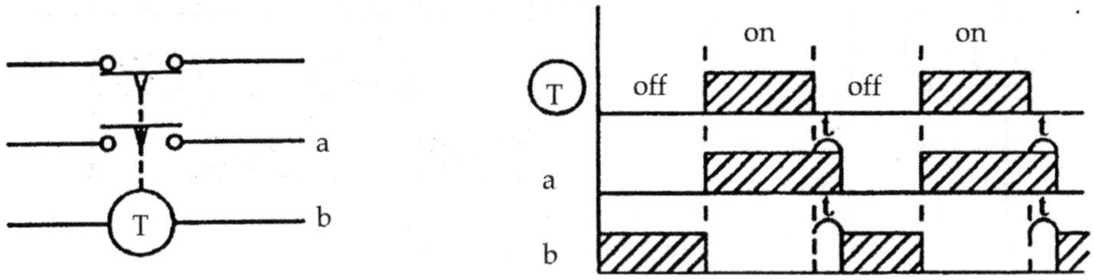

[그림 3-54] 순시동작 한시복귀

18.4 플리커 릴레이

플리커 릴레이란 a·b접점이 시간 t를 주기로 교대로 on, off하는 릴레이를 말한다. 이 회로는 경보등의 점등용으로 사용되는데 경보등이 계속적으로 점멸함으로써 쉽게 눈에 띄게 하는 데 목적이 있다. 이 릴레이의 접속은 타이머와 유사한데 a·b접점이 교대로 점멸하는 것이다.

실습 1 a접점 · b접점 · c접점 릴레이 회로 실습

1. 릴레이의 a접점 회로실험을 위하여 그림과 같이 연결하여라.

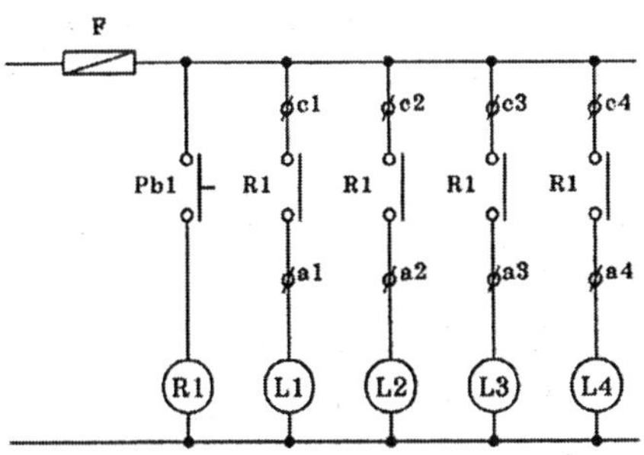

(시퀀스 회로)

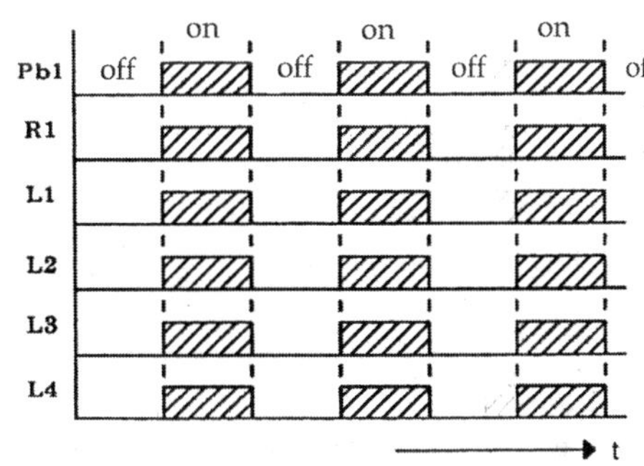

(타임차트)

2. 그림에서 푸시버튼 스위치를 누르고 그때 나타나는 표시등 램프의 상태를 관찰하여 표에 기록하여라.

PB상태	L1	L2	L3	L4
on				
off				

3. 릴레이의 b접점 회로실험을 위하여 그림과 같이 연결하여라.

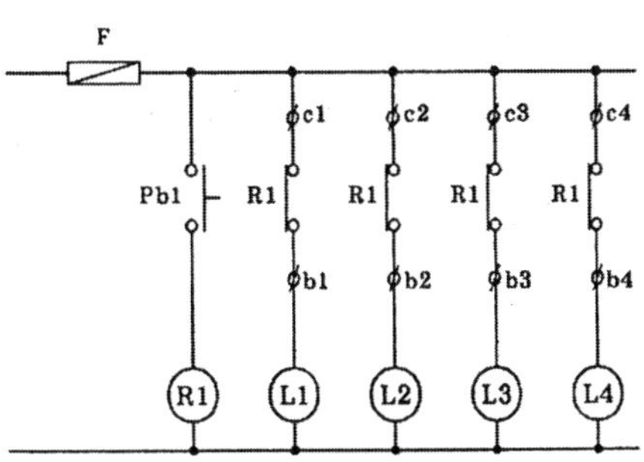

(시퀀스 회로)

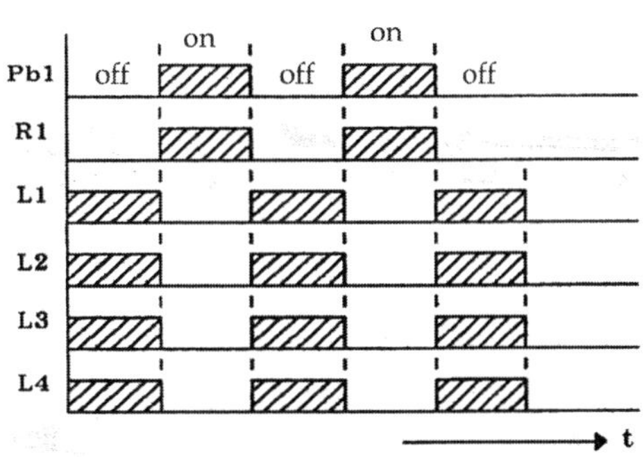

(타임 차트)

4. 그림에서 푸시버튼 스위치를 누르고 그때 나타나는 표시등 램프의 상태를 관찰하여 표에 기록하여라.

PB상태	L1	L2	L3	L4
on				
off				

5. 릴레이의 c접점 회로실험을 위하여 그림과 같이 연결하여라.

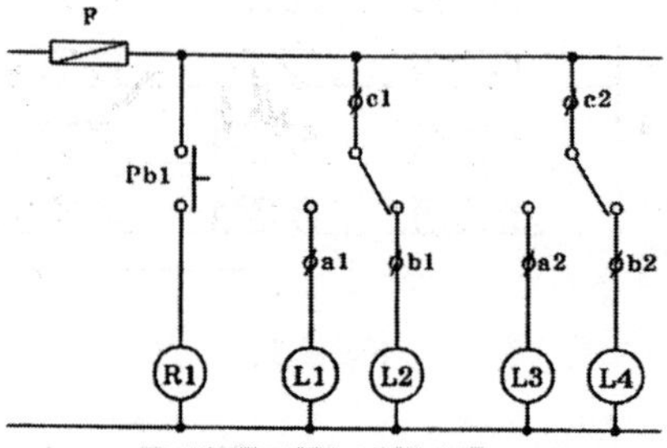

(시퀀스 회로)

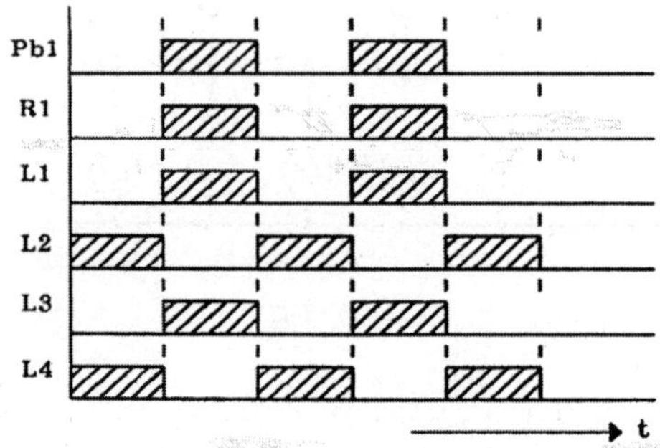

(타임차트)

6. 그림에서 푸시버튼 스위치를 누르고 그때 나타나는 표시등 램프의 상태를 관찰하여 표에 기록하여라.

PB상태	L1	L2	L3	L4
on				
off				

7. 다접점 릴레이 회로실험을 위하여 그림과 같이 연결하여라.

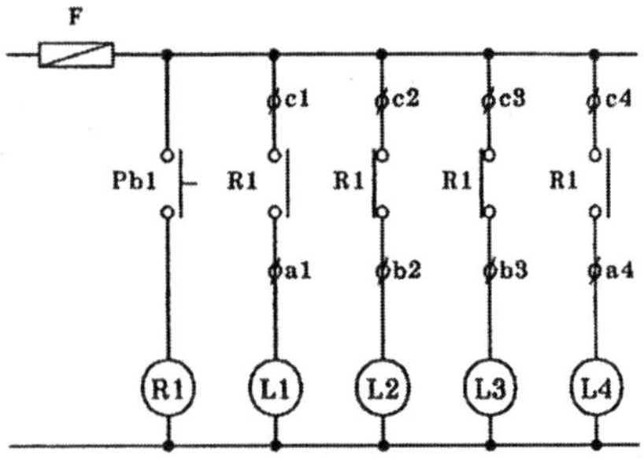

(시퀀스 회로)

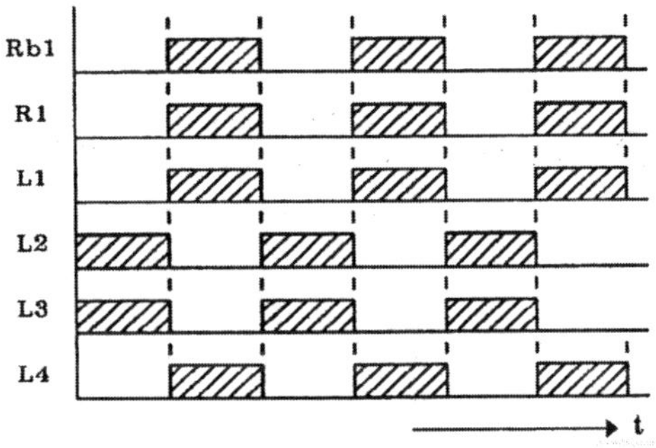

(타임차트)

8. 그림에서 푸시버튼 스위치를 누르고 그때 나타나는 표시등 램프의 상태를 관찰하여 표에 기록하여라.

PB상태	L_1	L_2	L_3	L_4
on				
off				

■ 실험고찰

1. 각 표시등이 점등되고 소등되는 이유는 무엇인가?

2. 그림에서 F는 무슨 역할을 하는가?

실습 2 AND · OR · NOT 회로 구성 및 이해

1. AND 회로 실험을 위하여 그림과 같이 결선하여라.

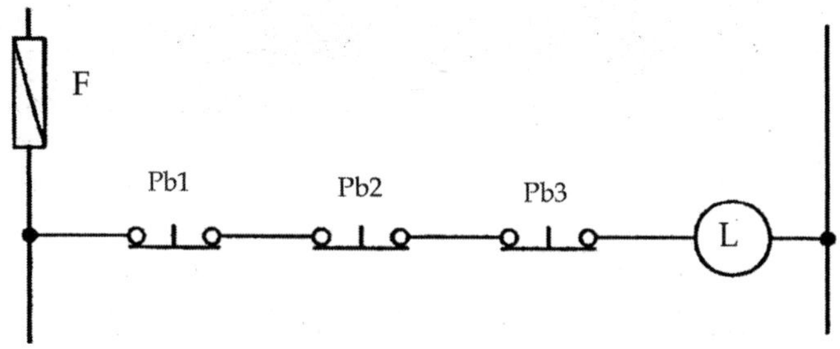

2. 그림에서 푸시버튼 1~3까지 조작하면서 표를 완성하여라.

입 력			출 력
Pb1	Pb2	Pb3	램프 점등 여부
0	0	0	
0	0	1	
0	1	0	
0	1	1	
1	0	0	
1	0	1	
1	1	0	
1	1	1	

3. OR 회로 실험을 위하여 그림과 같이 결선하여라.

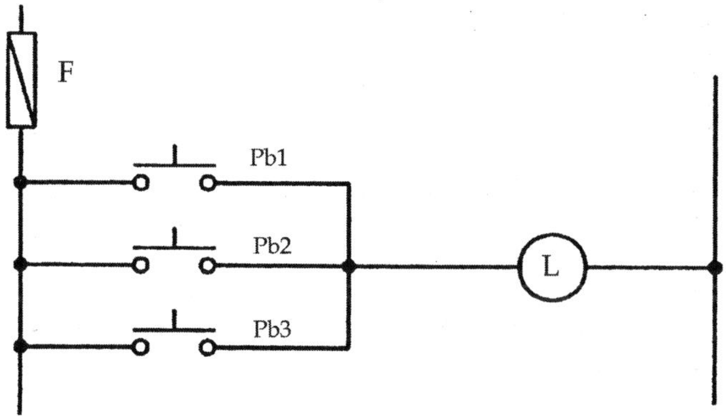

4. 그림에서 푸시버튼 1~3까지 조작하면서 진리표를 완성하여라.

입 력			출 력
Pb1	Pb2	Pb3	램프 점등 여부
0	0	0	
0	0	1	
0	1	0	
0	1	1	
1	0	0	
1	0	1	
1	1	0	
1	1	1	

5. NOT 회로 실험을 위하여 그림과 같이 결선하여라.

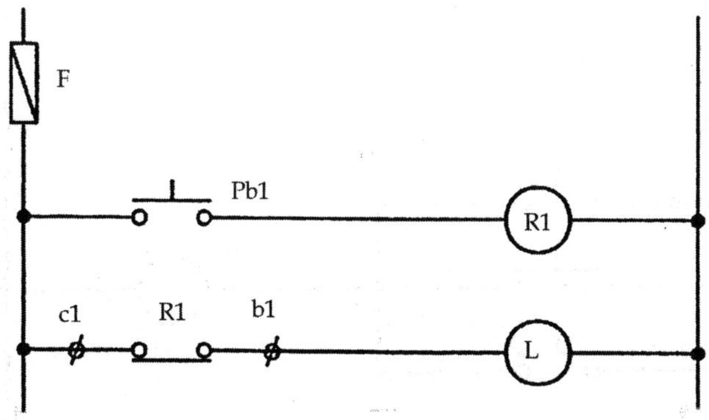

6. 그림에서 푸시버튼을 조작하면서 진리표를 완성하여라.

Pb1	램프
0	
1	

실습 3 자기유지회로 실습

1. 정지우선 자기유지회로 실습을 위하여 그림과 같이 회로를 결선하여라.

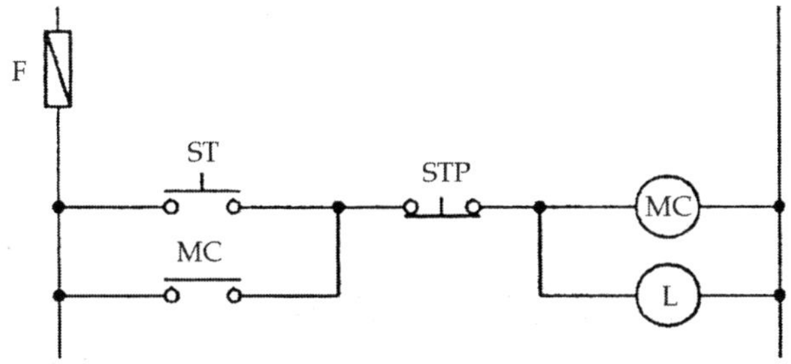

[정지우선 자기유지회로]

2. Start 버튼을 on, off하면서 램프에서 나타나는 특성을 관찰하여라.
   이때 자기유지접점(MC)의 역할은 무엇인가?
   Stop 버튼을 누르면 회로의 상태는 어떻게 달라지는가?

3. Start, Stop 버튼을 동시에 누르면 결과는 어떻게 나타나는가?

4. 시동우선 자기유지회로 실습을 위하여 그림과 같이 회로를 결선하여라.

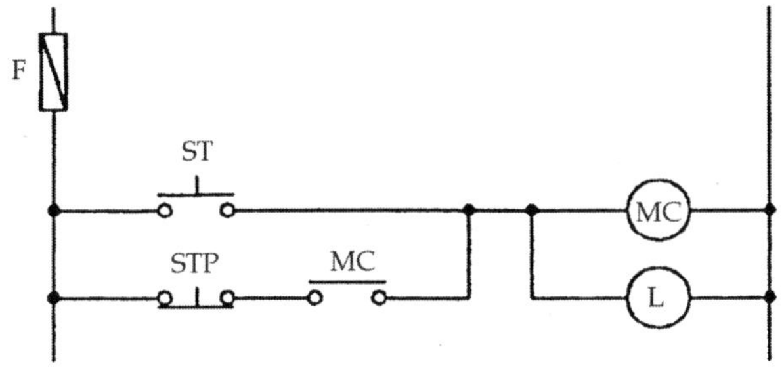

[시동우선 자기유지회로]

5. Start 버튼을 on, off하면서 램프에서 나타나는 특성을 관찰하여라.
이때 자기유지접점(MC)의 역할은 무엇인가?
Stop 버튼을 누르면 회로의 상태는 어떻게 달라지는가?

6. Start, Stop 버튼을 동시에 누르면 결과는 어떻게 나타나는가?

■ 실험고찰

1. 자기유지회로 중 정지우선회로와 시동우선회로의 차이점을 설명하여라.

실습 4 타이머 회로 실습

1. 한시 a접점 회로실습을 위하여 다음과 같이 회로를 결선하여라. 푸시버튼 스위치를 on하면 램프 L1이 점등되고 일정시간 후 L2가 점등되는 회로이다.

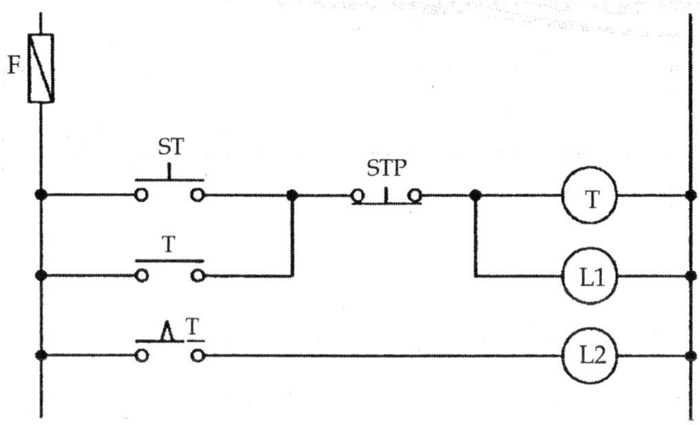

2. 타임 릴레이의 설정시간을 10초로 하고 푸시버튼 스위치를 누르면 램프 L1, L2 램프의 점등상태는 어떠한가?
이때 off용 스위치를 누르면 L2 램프는 소등되는가?

3. 위 회로의 동작상태를 타임차트를 사용하여 완성하여라.

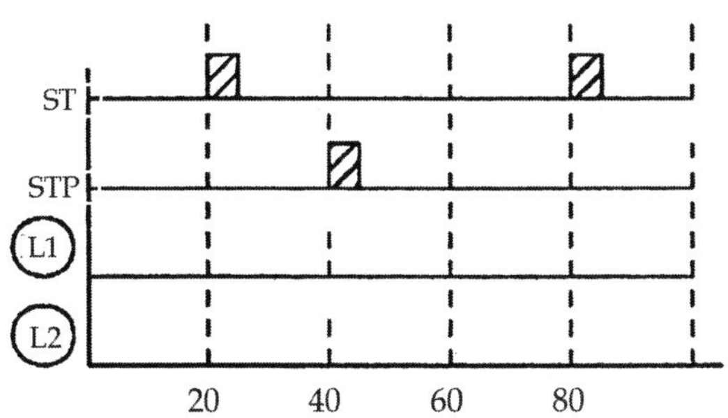

4. 한시 b접점 회로실습을 위하여 다음과 같이 회로를 결선하여라.
   푸시버튼 스위치를 on하면 램프 L1이 점등되고 일정시간 후 L2가 소등되는 회로이다. 이때 off 스위치를 누르면 타이머의 자기유지가 해제되어 초기상태로 돌아간다.

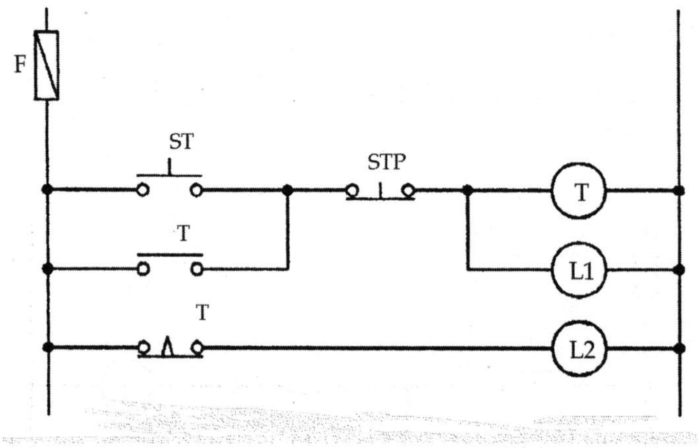

5. 타임 릴레이의 설정시간을 10초로 하고 푸시버튼 스위치를 누르면 램프 L1, L2 램프의 점등상태는 어떠한가? 이때 off용 스위치를 누르면 L2 램프는 소등되는가?

6. off용 스위치를 눌러 초기상태 후 다시 푸시버튼 스위치를 누르면 램프 상태는 어떠한가?

7. 10초 지연시간 이전에 다시 off하여 재기동하는 경우 램프의 동작 상태는?

8. 위 회로의 동작상태를 타임차트를 사용하여 완성하여라.

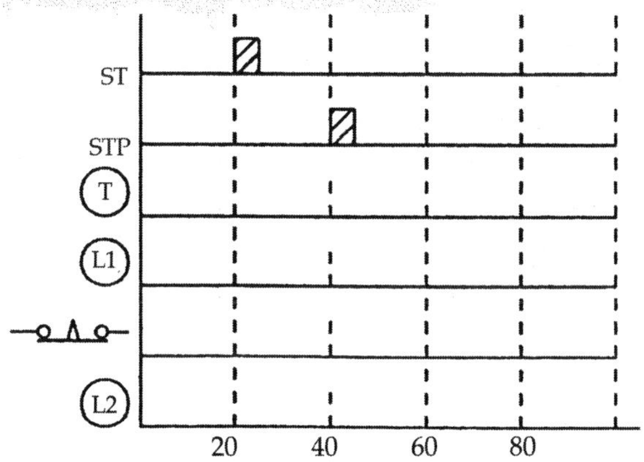

9. 시동용 푸시버튼 스위치를 누르면 설정시간 동안만 램프가 점등되다가 off스위치를 누르지 않아도 저절로 램프가 꺼지는 회로를 구성한다.

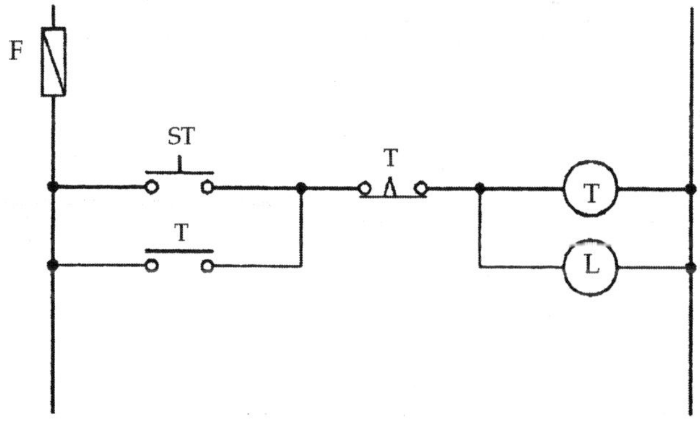

10. 타이머를 10초로 설정하고 on용 푸시버튼 스위치를 누르면 램프는 어떻게 되는가? 램프는 저절로 소등되는가?

11. 다시 한번 시동용 푸시버튼 스위치를 누르면 결과는 어떻게 되는가?

12. 위 회로의 타임차트를 작성하여라.

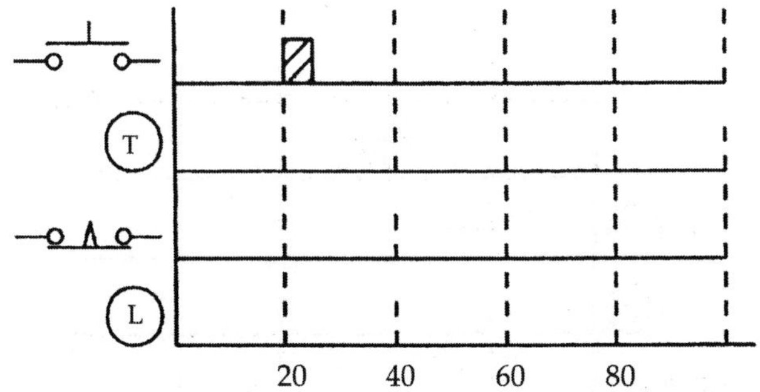

13. 플리커 릴레이 실험을 위하여 다음 회로를 결선하여라.

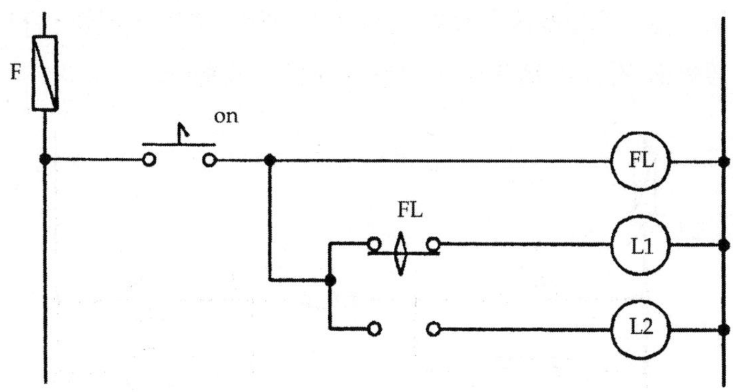

14. 플리커 릴레이를 5초로 설정하고 스위치를 on하였을 때 L1, L2 램프의 점등상태는 어떻게 되는가?

15. 플리커 릴레이 타임차트를 작성하여라.

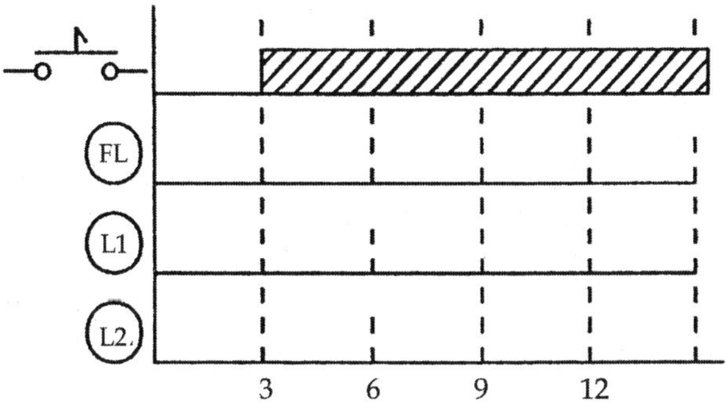

실습 5 선행 우선회로

선행 우선회로란 여러 입력중 가장 먼저 들어온 신호를 우선으로 하여 회로가 작동하고 그 다음의 신호는 무시하는 회로이다.

1. 다음 회로는 우선회로 실험을 위한 회로를 나타낸다. 회로를 결선하고 출력단에 나타나는 결과를 관찰하여라.

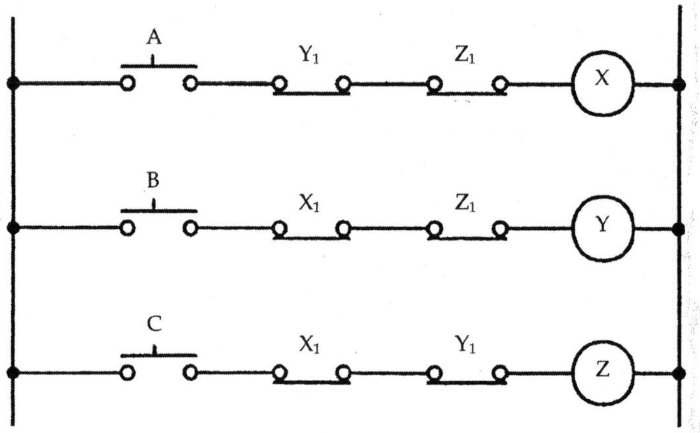

다음은 3개의 입력 A, B, C중에서 입력이 가장 먼저 들어왔다고 하면 전류는 A-Y1-Z1을 통하여 코일 X가 여자된다. 코일 X가 여자되므로 코일 Y, Z에 직렬로 연결된 X의 b접점 X1, X2가 각 회로를 차단하게 된다. 이 상태에서 입력신호 B, C가 들어와도 X의 b접점으로 차단되어 Y, Z는 동작이 불가능하다.

2. A 스위치를 눌렀을 때 표시되는 램프는?

3. A, B, C를 동시에 눌렀을 때 표시되는 램프는?

4. 인터록 회로란 회로에서 어떠한 역할을 하는가?

실습 6 후선택 우선회로

후선택 우선회로란 여러 개의 입력 중의 가장 늦게 들어온 신호를 우선으로 하며 먼저 들어온 신호가 있으면 그 회로의 동작을 정지시키고 새로 들어온 입력에서만 출력을 내는 회로이다.

1. 다음 그림은 후선택 우선회로를 나타내고 있다. 시퀀스 결선을 수행하고 동작상태를 관찰하여라.

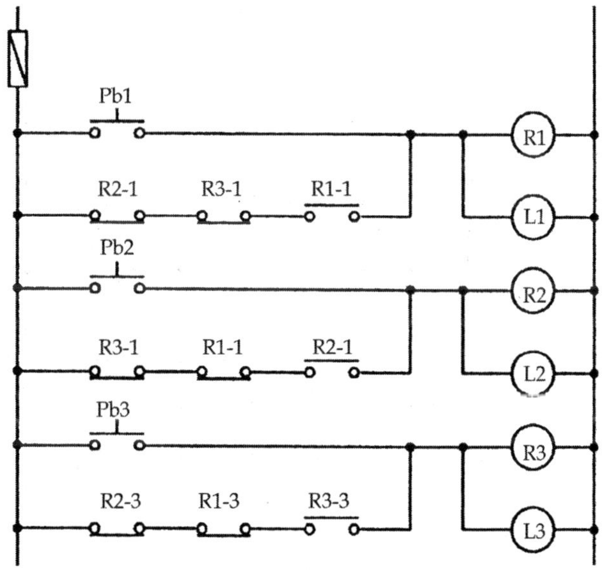

2. 각각의 스위치를 누르면서 표시등의 상태를 표에 작성하여라.

Pb on 순서	표시등 상태		
	L1	L2	L3
Pb1 Pb2 Pb3			

3. 후선택 우선회로의 어떠한 기능으로 사용되는가?

실습 7 순위별 우선회로(1)

여러 개의 입력신호 중 미리 우선순위를 정해놓고 어떤 입력이 신호를 내고 있더라도 그보다 순위가 높은 입력신호가 들어오면 동작하고 있던 순위가 낮은 출력은 정지되고 높은 순위의 출력만이 나오는 회로이다.

1. 다음 그림은 순위별 우선회로를 나타내고 있다. 시퀀스 결선을 수행하고 동작상태를 관찰하여라.

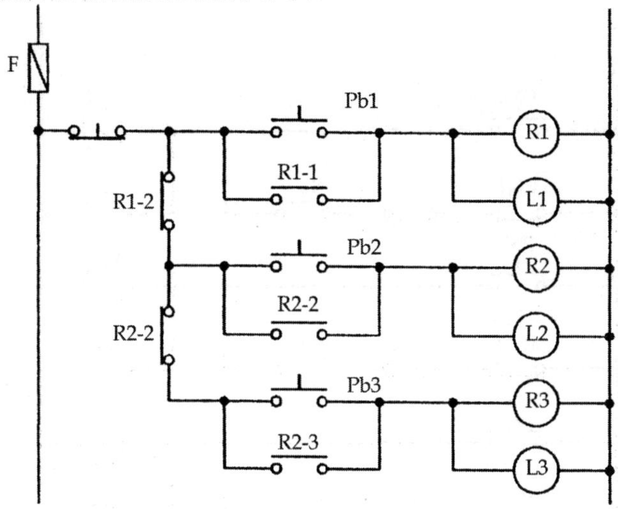

2. 각각의 스위치를 누르면서 표시등의 상태를 표에 작성하여라.

Pb on 순서	표시등 상태		
	L1	L2	L3
Pb3			
Pb2			
Pb1			
Pb2			
Pb3			

3. 순위별 우선회로의 어떠한 기능으로 사용되는가?

실습 8 순위별 우선회로(2)

여러 개의 입력신호 중 미리 동작해야 할 순서를 미리 정해놓고 차례대로 동작을 하는 방식이다. 반드시 1순위의 신호가 들어와 출력을 내야만 2순위의 동작이 수행할 수 있다.

1. 다음 그림은 순차별 우선회로를 나타내고 있다. 시퀀스 결선을 수행하고 동작상태를 관찰하여라.

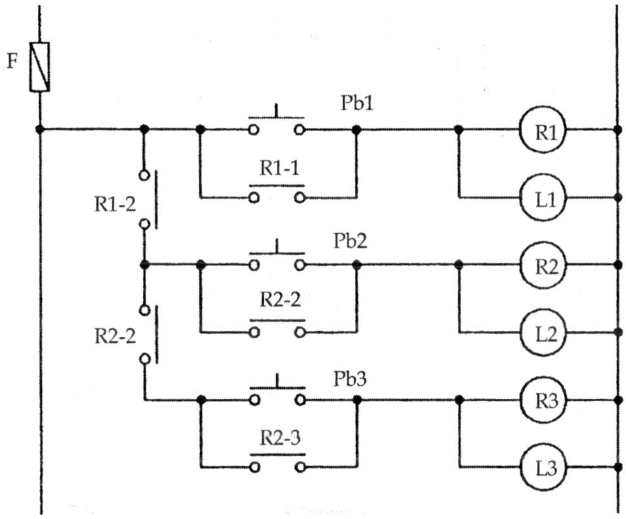

2. 각각의 스위치를 누르면서 표시등의 상태를 표에 작성하여라.

Pb on 순서	표시등 상태		
	L1	L2	L3
Pb3			
Pb2			
Pb1			
Pb2			
Pb3			

3. 순차별 우선회로의 어떠한 기능으로 사용되는가?

실습 9 유도전동기 직입기동회로 실습

1. 삼상 농형 유도전동기 직입기동회로 실습을 위하여 다음 회로를 결선하여라.

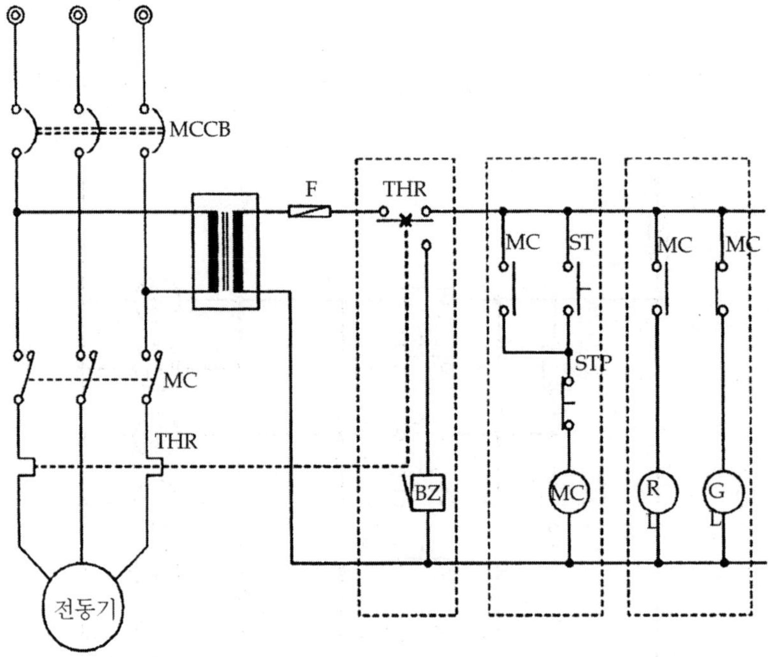

만일 실험실 개념의 시퀀스 모듈이고, DC24[V] 겸용 사용 시에는 3상 모터 대신 단상 직류전동기를 사용하여 실험할 수도 있다. 이때 사용되는 전자접촉기는 소형 릴레이를 사용한다.

2. MCCB를 on하였을 때 동작되고 있는 출력은 어느 것인가?

3. Start 스위치를 누르면 전동기는 회전하는가? 이때 점등되는 램프는?

4. Stop 버튼을 누르면 어떻게 동작되는가?

5. 다시 Start 버튼을 누르고 리셋 바를 누르면 점등되는 램프는? 모터는 운전되는가?

실습 10 유도전동기 2개소 직입기동회로 실습

1. 삼상 농형 유도전동기 2개소 직입기동회로 실습을 위하여 다음 회로를 결선하여라.

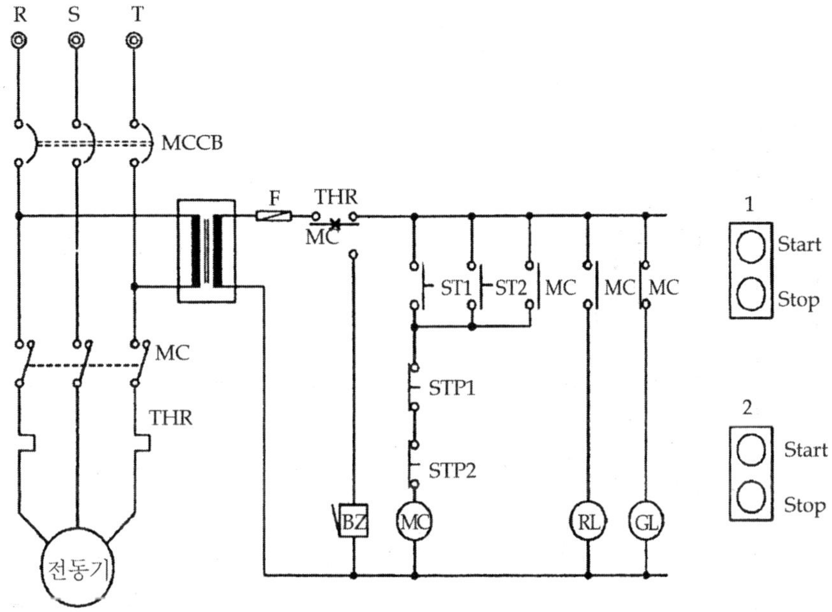

2. MCCB를 on하였을 때 동작되고 있는 출력은 어느 것인가?
3. Pb 스위치는 장소 1에 Start1, Stop1, 장소 2에는 Start2, Stop2가 있다. 다음 표를 보면서 푸시버튼 스위치를 조작하여 표를 완성하여라.

조작 스위치	MC	MOTOR	RL	GL
Start1 Stop2 Start2 Stop1 Start2 Stop2 Start1 Stop1				

4. 4개소 직입기동회로를 구성하여라.

실습 11 유도전동기 리액터 기동회로 실습

1. 삼상 농형 유도전동기 리액터 기동회로 실습을 위하여 다음 회로를 결선하여라.

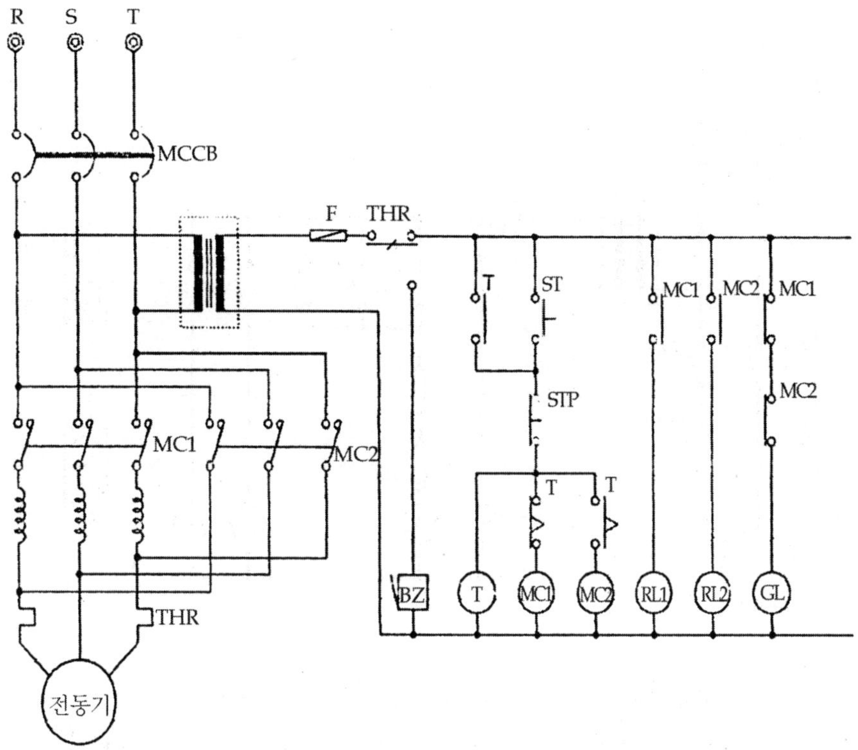

2. MCCB를 on하였을 때 동작되고 있는 출력은 어느 것인가?

3. 타이머의 설정시간을 5초로 하고 기동 스위치를 on하면 어떤 결과가 나타나는가?

4. 각 전등 램프(RL, GL)의 점등 의미는 무엇인가?

5. 리액터 기동방식을 채용하는 이유는 무엇인가?

실습 12 유도전동기 촌동회로 실습

촌동(寸動)회로는 전동기를 운전하는 데 기동 스위치를 눌러 자기유지시키고 계속 운전하다 정지시키는 것이 아니고 별도의 푸시버튼 스위치를 두어 이 스위치를 누르고 있는 동안만 전동기가 운전되는 것을 촌동운전이라 한다.

1a1b 푸시버튼 스위치에서 b접점은 자기유지회로를 풀어주기 위한 목적으로 a접점은 자기유지회로와는 관계 없이 MC에의 전류통로를 만들어준다. 만일 b접점이 없는 푸시버튼 스위치를 사용하면 전동기의 운전중에는 촌동운전을 할 수 없으며, 또한 정지시에는 촌동용 a접점을 누름으로써 MC의 a접점으로 자기유지되어 촌동운전이 되지 않는다.

이 촌동운전은 선반에서 테이블의 미세이동 등 공작기계의 미세 위치조정에 적합하며 호이스트 운전에는 매우 적합한 운전회로이다.

1. 삼상 유도전동기 촌동회로 실습을 위하여 다음 회로를 결선하여라.

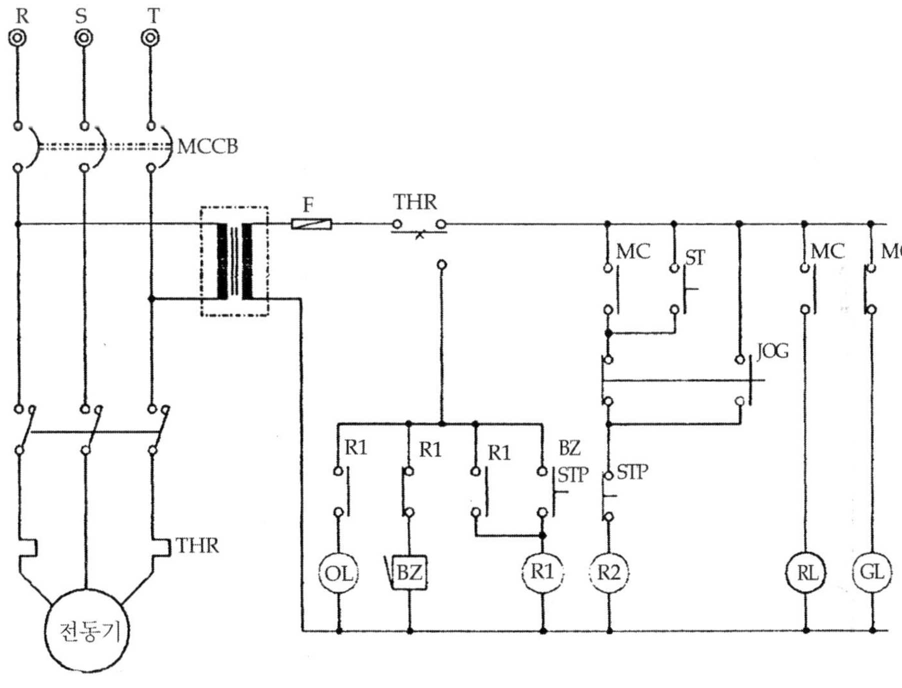

2. Start, Stop, 촌동 푸시버튼을 잠깐 눌렀다 놓으면 어떠한 결과가 나타나는가?

3. 전동기 운전 중 촌동용 푸시버튼을 약 5초 동안 누르고 손을 떼어내면 어떠한 결과가 나타나는가?

4. 자기유지회로와 촌동회로와의 차이점은 무엇인가?

5. 촌동운전회로에서 푸시버튼 스위치가 1a1b이어야 하는 이유는?

실습 13 유도전동기 정역회로 실습

유도전동기 정역운전은 엘리베이터, 크레인, 수문 등과 같이 왕복운동의 요소를 갖는 곳에 사용된다. 3상 유도전동기를 정회전 운전으로부터 역회전 운전으로 전환하자면 전동기를 일단 정지시키고 전동기에 공급되는 3선 중 2선을 바꾸어 전원을 공급하면 유도전동기는 역회전을 하게 된다. 그림은 2개의 전자접촉기를 사용하여 전동기에 공급되는 전압의 상순을 바꾸는 기본적인 회로이다. MCF는 정회전용 전자접촉기이고, MCR은 역회전용 전자접촉기이다. 제어회로에서 전자접촉기 MCF와 MCR이 동시에 여자되면 주회로에 단락이 발생되므로 2개의 전자접촉기는 인터록(interlock)을 걸어 절대로 동시에 여자되는 일이 없도록 하여야 한다. 단상 유도전동기에서는 기동권선에 가해지는 전원의 극성을 가해지면 역회전하게 된다.

1. 삼상 유도전동기 정역운전을 위하여 다음 회로를 결선하여라.

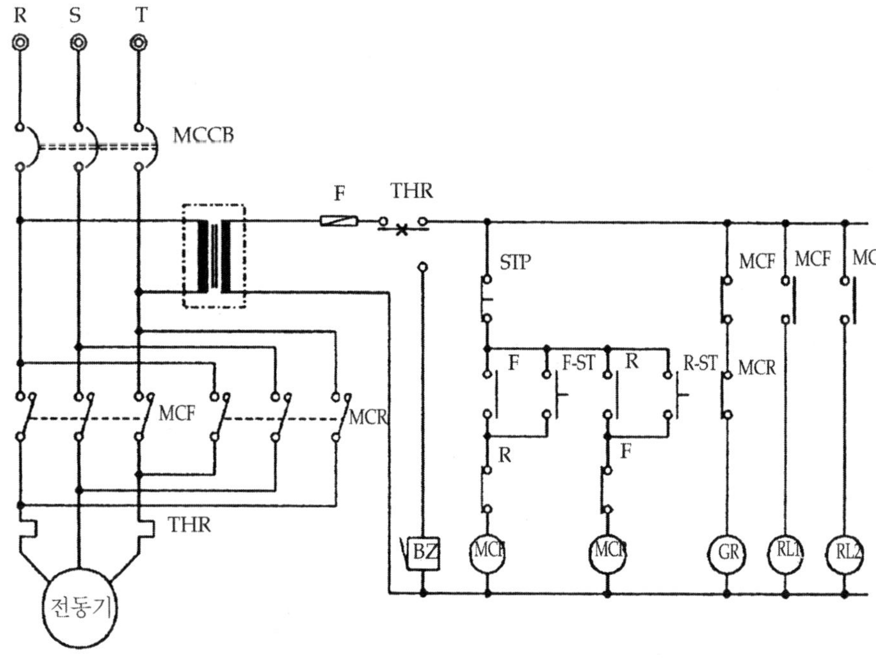

2. 전동기의 F-ST 스위치를 누르면 전동기는 어느 방향으로 회전하는가?

3. 반대방향으로 전동기를 회전시키기 위해서는?

4. 인터록의 의미에 대하여 설명하여라.

5. 단상전동기에 대하여 정역 운전회로를 결선하여라.

실습 14 유도전동기 지연기동회로 실습

1. 삼상 유도전동기 지연기동 운전을 위하여 다음 회로를 결선하여라.

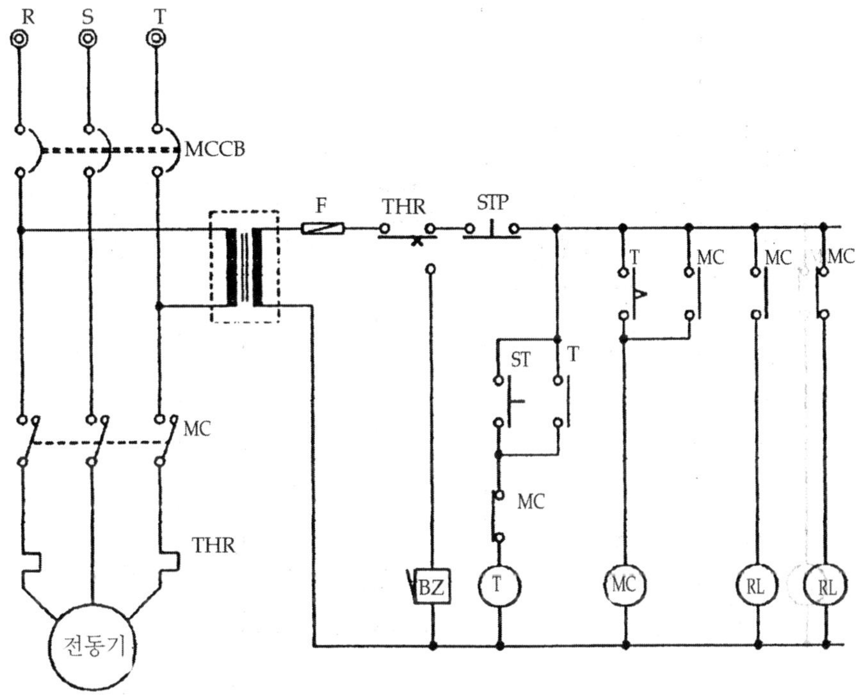

2. 타이머를 10초에 조정하고 Start 스위치를 누르면 전동기 기동은 어떻게 되는가?

3. 기동 후 Stop 버튼을 누르면 어떠한 상태를 유지하는가?

4. 10초가 되기 전에 Stop 버튼을 누르면 전동기의 동작은?

5. 이러한 회로가 사용되는 개소에 대하여 설명하여라.

실습 15 a접점 · b접점 · c접점 릴레이 회로 실습

1. 삼상 유도전동기 한시운전회로 실습을 위하여 다음 회로를 결선하여라.

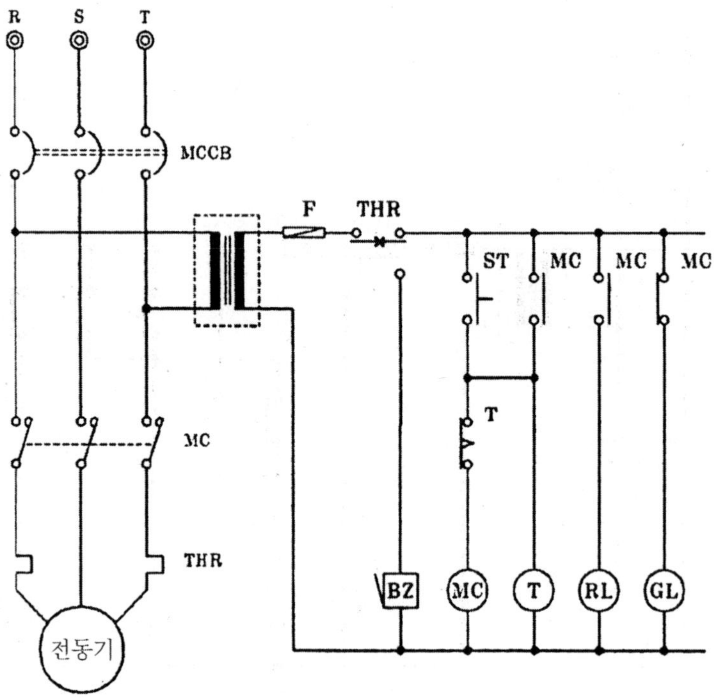

2. 타이머를 10초에 조정하고 Start 스위치를 누르면 전동기 기동은 어떻게 되는가?

3. 기동 후 THR 리셋 버튼을 누르면 어떠한 상태를 유지하는가?

4. 10초가 되기 전에 Stop 버튼을 누르면 전동기의 동작은?

5. 이러한 회로가 사용되는 개소에 대하여 설명하여라.

실습 16 유도전동기 Y-△ 기동회로 실습

1. 유도전동기 Y-△ 기동회로 실습을 위하여 다음 회로를 결선하여라.

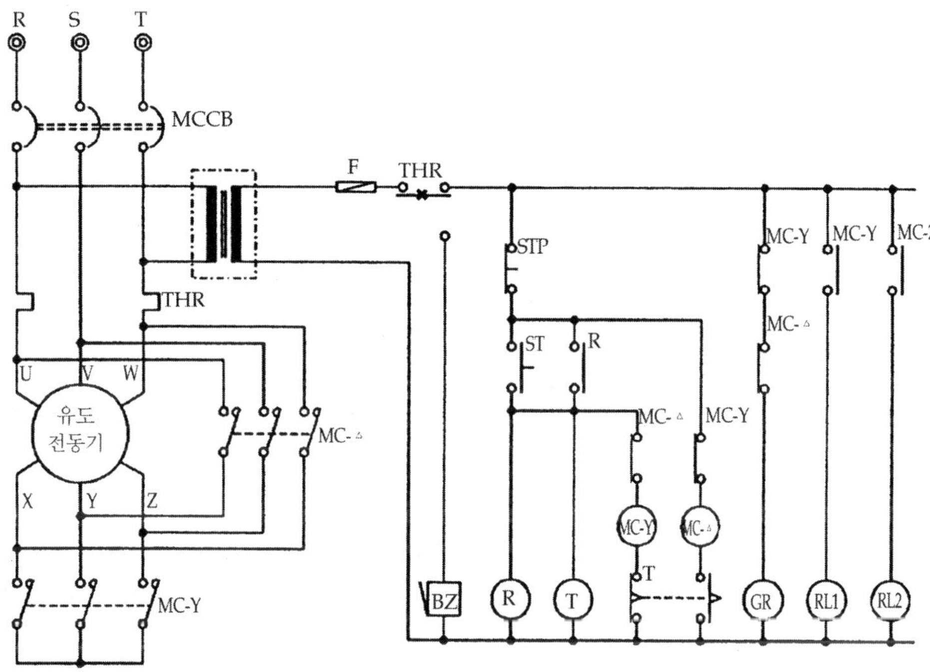

2. 타이머를 5초에 조정하고 Start 스위치를 누르면 전동기 기동은 어떻게 되는가? RL, GL 램프의 점등상태를 관찰하여라.

3. 기동 후 THR 리셋 버튼을 누르면 어떠한 상태를 유지하는가?

4. 10초가 되기 전에 Stop 버튼을 누르면 전동기의 동작은?

5. 이러한 회로가 사용되는 개소에 대하여 설명하여라.

6. Y-△ 기동법을 사용하는 이유는 무엇인가?

제 4 장

소방전기실습

화재로 인한 인적·물적 피해를 경감하기 위해서는 화재초기에 화재여부를 감지하여 신속히 피난을 유도하고 초기소화 태세를 확립함과 동시에 소방서에 신속히 통보할 필요가 있다. 그러나 상시 사람이 감시하고 화재발생시 이러한 일련의 조치를 일사분란하게 행한다는 것은 매우 어렵다.

자동화재 탐지설비는 화재 초기단계에서 발생되는 열 · 연기를 자동으로 감지하는 감지기와 화재신호를 받아 벨 · 사이렌으로 음향을 발하는 음향설비, 발신기, 중계기, 전체 연동동작을 총괄하는 수신기 등으로 구성되어 있다.

수신기는 감지기나 발신기와 직접 연결되거나 또는 중계기를 사이에 두고 연결되어 있으며, 감지기·중계기·발신기가 작동했을 때 그 장소를 표시할 수 있으며, 그 외에도 여러 가지 기능시험을 할 수 있는 장치를 갖추고 있다.

01 자동화재탐지설비

1.1 설치대상

① 근린생활시설(일반목욕장을 제외한다), 위락시설, 숙박시설, 의료시설 및 복합건축물로서 연면적 600[㎡] 이상인 것

② 근린생활시설 중 일반목욕장, 문화집회 및 운동시설, 통신촬영시설, 관광휴게시설, 지하가(터널을 제외한다), 판매 시설 및 영업시설, 공동주택, 업무시설, 운수자동차관련시설, 공장 및 창고시설로서 연면적 1000[㎡] 이상인 것

③ 교육연구시설(교육연구시설 내에 있는 기숙사 및 합숙소를 포함하며, 숙박시설이 있는 청소년시설은 제외한다), 동식물 관련시설, 위생 등 관련시설 및 교정시설로서 연면적 2000[㎡] 이상인 것

④ 지하구

⑤ 길이 1000[m] 이상의 터널

⑥ 연면적 400[㎡] 이상인 노유자시설 및 숙박시설이 있는 청소년시설로서 수용인원 100인 이상인 것

⑦ ②항에 해당하지 아니하는 공장 및 창고시설로서 500배 이상의 특수가연물을 저장·취급하는 것

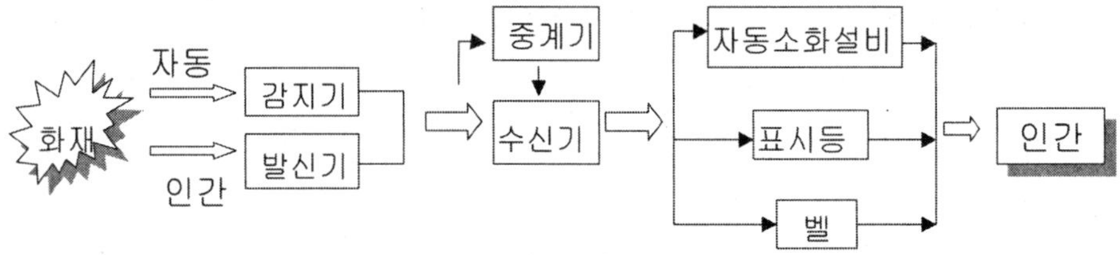

[그림 4-1] 자동화재탐지설비 동작개념도

1.2 수신기의 구성

(1) 작동원리

자동화재탐지설비는 감지기나 발신기로부터 발하여지는 신호를 공통신호로 수신하느냐 고유신호로 수신하느냐에 따라 P형과 R형으로 구분할 수 있다.

P형 시스템은 각 경계구역마다 수신기와 감지기 및 발신기간에 [그림 4-2]처럼 회로가 구성되어 있다. 평상시에는 회로의 종단에 저항이 설치되어 있어 적은 전류만 흐르는 상태에 있다. 그러나 회로에 일정치 이상의 전류가 흐르게 되면 계전기가 작동하여 화재표시등, 지구표시등, 경보장치, 연동되는 소방시설을 작동시킨다.

[그림 4-2]에서 화재발생시 감지기가 동작하여 감지회로에 일정치 이상의 전류가 흘러 계전기가 동작된다. 또한 수동으로 발신기 누름스위치를 누르면 스위치가 닫혀 일정치 이상의 전류가 흘러 계전기가 동작된다.

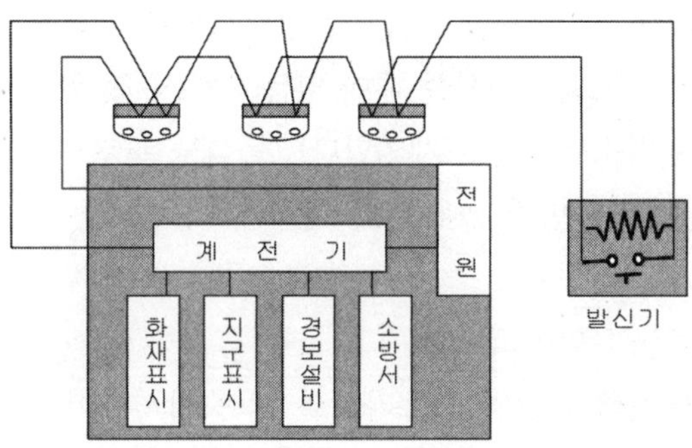

[그림 4-2] 자동화재탐지설비 동작원리

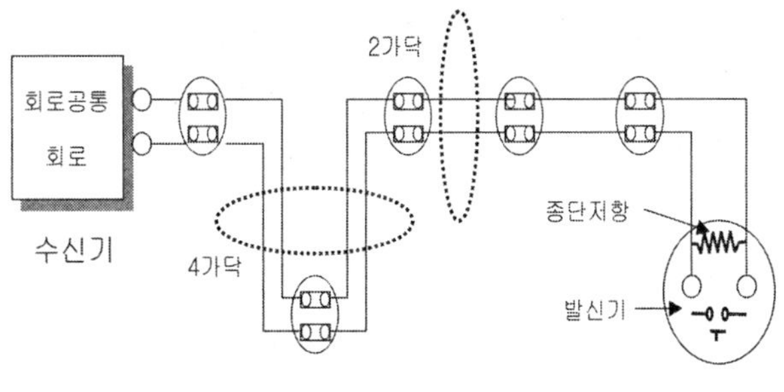

(a) 종단저항을 말단에 설치하는 경우

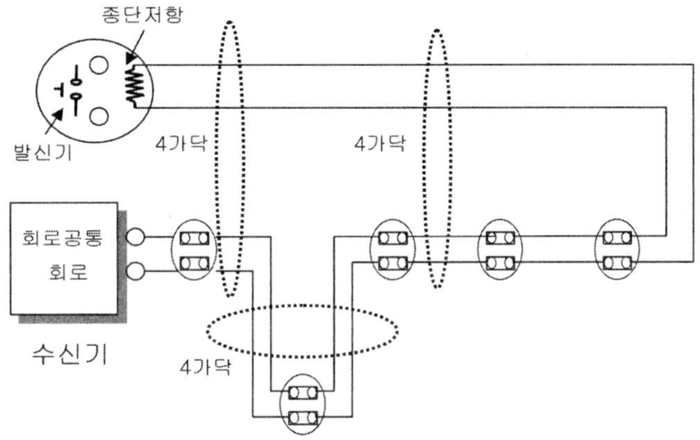

(b) 종단저항을 수신기에 설치하는 경우

[그림 4-3] 송배선식 배선

공통 신호방식(P형)은 하나의 회로에 오직 2개의 신호만을 보낼 수 있지만 고유신호 방식(R형)은 통신 신호방식으로 각 감지기나 혹은 경계구역마다 각기 다른 신호를 전송할 수 있다. 그러므로 고유신호 방식은 경계구역수의 증가에 따라 회로를 증설할 필요가 없다. 단 수신기와 감지기 혹은 중계기가 통신신호를 송·수신할 수 있는 기능이 있어야 한다. 감지기-감지기, 감지기-수신기 사이의 회로의 배선은 송배전식으로 다음 결선에 의한다.

(2) P형 수신기

P형 수신기는 화재신호를 접점신호로 수신하기 때문에 각 경계구역마다 별도의 배선이 필요하다. 그러므로 경계구역수가 증가할수록 회선수가 필요하며 화재신호는 DC 24[V]접점으로 이루어진다. P형 수신기는 1급과 2급으로 구분되며, P

형 1급 수신기는 그 회로수에 제한이 없는데 P형 2급수신기는 회로수가 5회로 이하이다. 또한 P형 2급 1회선용 수신기는 예비전원이 필요하지 않으나 연면적 350[㎡] 이하 소방대상물만 설치가 가능하다.

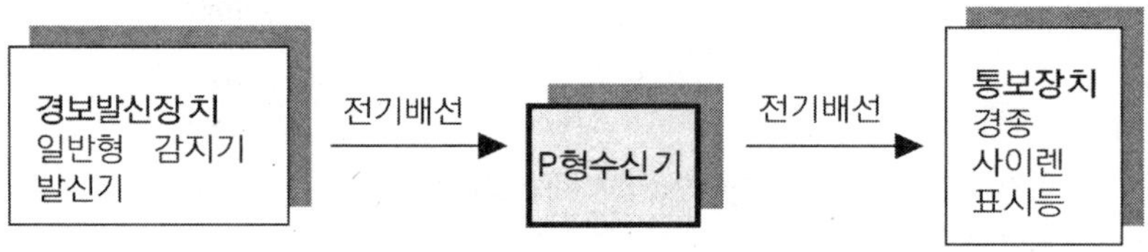

[그림 4-4] P형 수신기의 구성

1.3 발신기

발신기란 화재발생시 수신기 또는 중계기에 수동으로 신호를 보내는 것을 말하며, 수동조작이므로 신뢰성이 높다. 발신기는 경종, 표시등과 함께 벽에 취부되며 발신기의 색은 적색이다.

(1) 발신기 설치기준

발신기는 다음 기준에 의해 설치하여야 하며, 지하구의 경우에는 발신기를 설치하지 아니할 수 있다.

① 조작이 쉬운 장소에 설치하고 스위치는 바닥으로부터 0.8[m]~1.5[m] 이하의 높이에 설치할 것.
② 소방대상물의 층마다 설치하되, 당해 소방대상물의 각 부분으로부터 하나의 발신기까지의 수평거리가 25[m] 이하(지하가중 터널의 경우에는 주행방향의 측벽길이 50[m] 이내가 되도록 할 것. 다만, 복도 또는 별도로 구획된 실로서 보행거리가 40[m] 이상일 경우에는 추가로 설치하여야 한다).
③ 발신기의 위치를 표시하는 표시등은 함의 상부에 설치하되, 그 불빛은 부착면으로부터 15° 이상의 범위 안에서 부착지점으로부터 10[m] 이내의 어느 곳에서도 쉽게 식별할 수 있는 적색등으로 하여야 한다.
④ 지하구의 경우에는 발신기를 설치하지 아니할 수 있다.
⑤ 발신기를 설치하는 경우 감지기 회로의 끝부분에 설치한다.

⑥ 사용전압의 130[%]인 전압을 24시간 연속하여 인가하는 경우 단선, 광속변화 등이 발생되지 않아야 한다.

⑦ 발신기는 정격전압에서 정격전류를 흘려 1000회 작동을 반복하는 경우 그 구조, 기능에 이상이 생기지 않아야 한다.

⑧ 발신기의 절연된 단자간의 절연저항 및 단자와 외함간의 절연저항은 직류 500[V]의 절연계로 측정하는 경우 20[MΩ] 이상이어야 한다.

⑨ 발신기의 단자와 외함간의 절연내력은 60[Hz]의 정현파에 가까운 실효전압 500[V](정격전압이 60[V]를 초과하고 150[V] 이하인 것은 1,000[V], 정격전압이 150[V]를 초과하는 것은 그 정격전압에 2를 곱하여 얻은 값에 1,000[V]를 더한 값)의 교류전압을 가하는 시험에서 1분간 견디어야 한다.

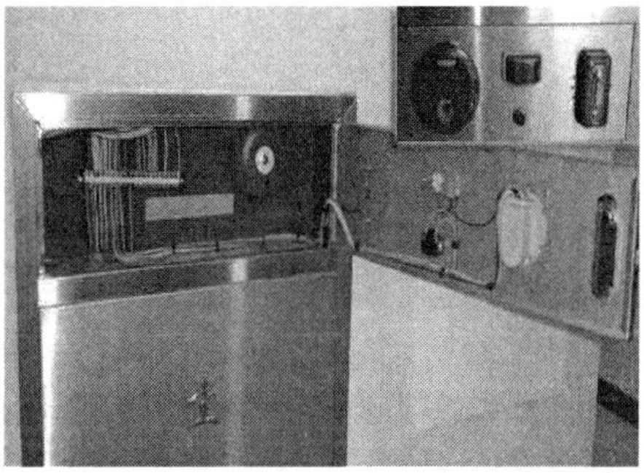

[그림 4-5] 소화전함 내부 발신기

표시등은 항상 점등되어 있어야 하므로 비상전원을 확보하고 어느 위치에서도 알아볼 수 있도록 그림과 같이 설치한다. 전구 캡 속에는 전구 1개가 단선되는 경우 다른 전구 1개만이라도 점등되도록 전구 2개를 병렬로 접속한다. 최근에는 전구대신 고휘도 LED가 개발되어 사용하고 있으며, 정격전압은 DC 24[V]용을 사용한다.

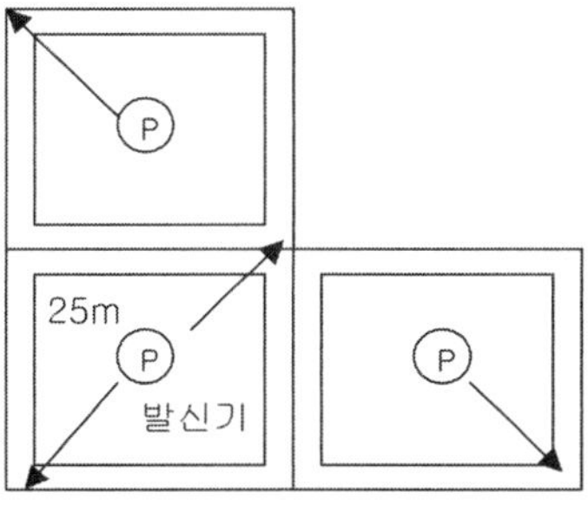

[그림 4-6] 발신기의 설치거리

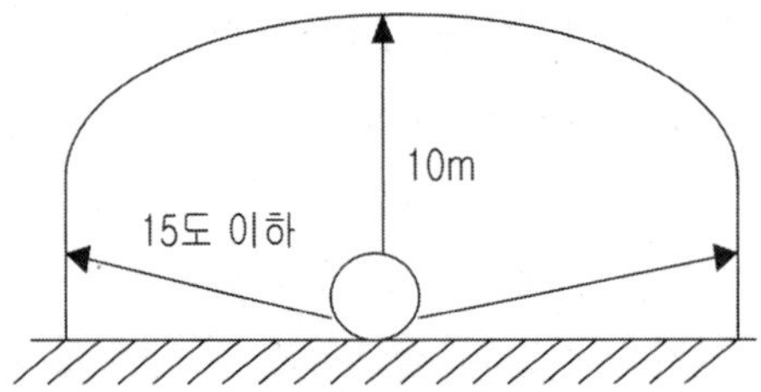

[그림 4-7] 표시등 위치

1.4 감지기의 종류

감지기는 화재로 발생되는 열·연기를 이용하여 자동적으로 화재발생을 감지한 후 수신기에 전달하는 기기로 열을 이용하는 열감지기와 연기를 이용하는 연기감지기가 있다. 이러한 감지기는 화재 초기단계에서 발생되는 열·연기를 자동적으로 감지하여 건물 내의 관리자에게 벨·사이렌 등의 음향으로 화재발생을 알리는 동시에 수신기에 화재발생 장소를 명확히 알림으로써 소화활동을 효율적으로 행할 수 있도록 하는 설비이다.

감지기는 소방대상물의 종류·구조·주위환경 등에 따라 적절히 설치하여야 그 기능이 발휘할 수 있다. 그러므로 감지기의 종류(열 · 연기 등)와 감지위치 등을 고려하여 감지기를 선정하여야 한다.

또한, 지하층·무창층 등으로서 환기가 잘되지 아니하거나 실내면적이 40[㎡] 미만인 장소, 감지기의 부착면과 실내바닥과의 거리가 2.3[m] 이하인 곳으로서 일시적으로 발생한 열·연기 또는 먼지등으로 인하여 화재신호를 발생할 우려가 있는 장소에는 다음 각호에서 정한 감지기 중 적응성 있는 감지기를 설치하여야 한다.

- 불꽃감지기
- 정온식 감지선형 감지기
- 분포형 감지기
- 복합형 감지기
- 광전식 분리형 감지기
- 아날로그 방식의 감지기

- 다신호방식의 감지기
- 축적방식의 감지기

(1) 감지기의 접점구성

감지기 내 접점을 닫히게 하는 방법은 열에 의한 공기팽창력을 이용하는 공기팽창식과 화재시 물리·화학적 변화에 의한 기전력을 이용하는 전기식이 있다.

1) 공기팽창식

공기팽창식은 평상시에는 주접점(+)과 보조접점(—)이 떨어져 있으나 화재발생시 온도가 상승하면 공기실의 온도가 팽창하여 다이아프램을 위로 밀어올려 (+), (—) 접점에 연결되면서 접점이 구성된다.

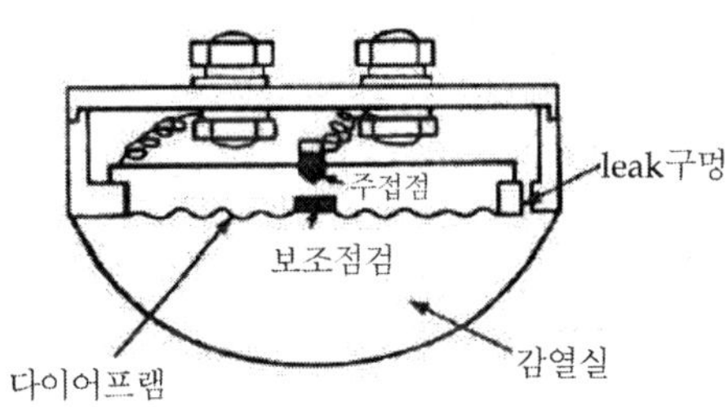

[그림 4-8] 공기팽창식 감지기

2) 전기식

화재발생시 발생되는 열·연기·불꽃 등 물리·화학적 변화량에 의해 발생되는 기전력을 이용하여 전자 릴레이를 동작시키는 방식이다.

표 4-1 감지기의 분류

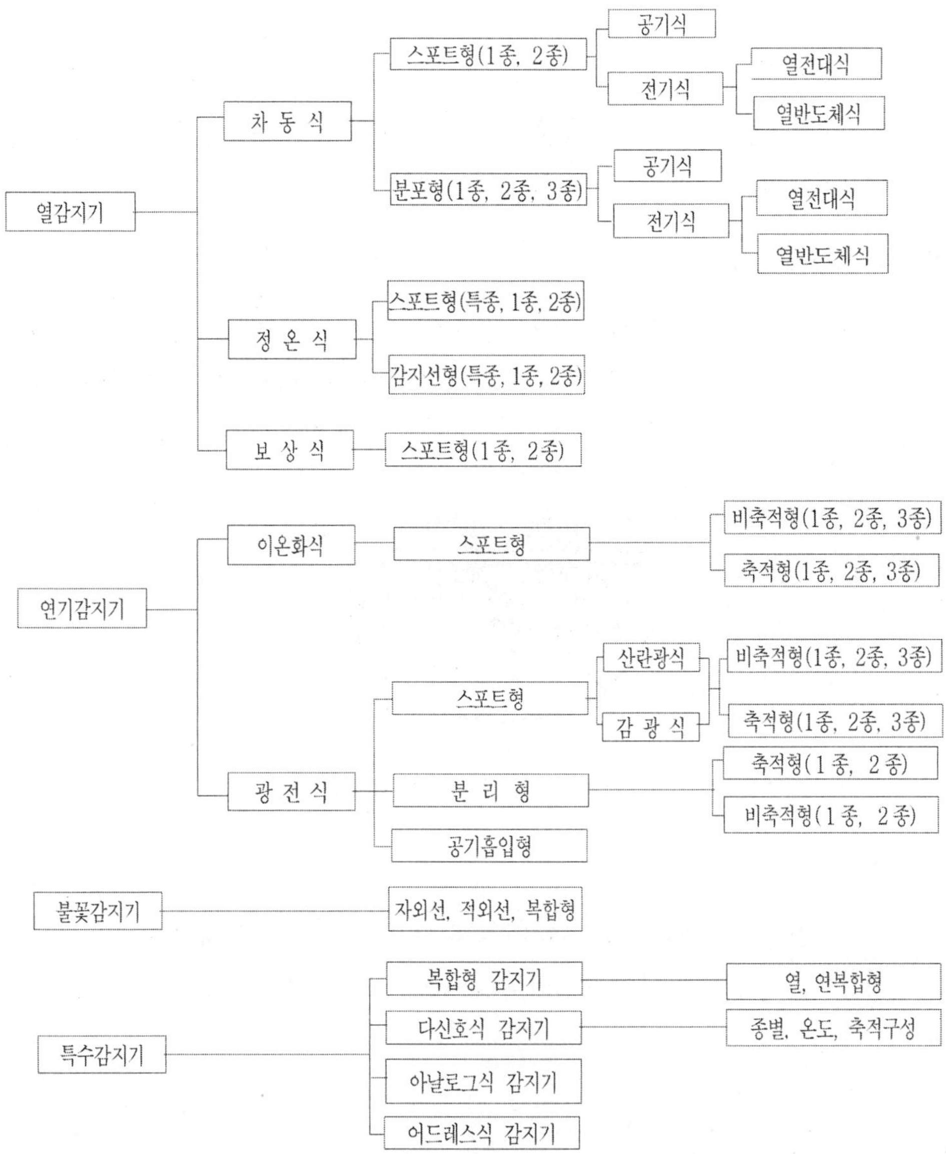

전자 릴레이는 철심에 전선을 감아놓고 전기를 흐르게 하면 전자력이 발생되어 릴레이 내부접점이 닫혀 신호를 전달할 수 있는 기기이다.

[그림 4-9] 전기식 감지기

(2) 부착 높이별 · 설치장소별 감지기 종류

감지기는 설치장소뿐만 부착 높이에 따라 감지성능이 발휘될 수 있는 감지기를 설치하여야 한다. 〈표 4-2〉 〈표 4-3〉는 부착 높이 · 설치장소별 감지기의 종류를 나타내고 있다.

표 4-2 부착 높이별 감지기 종류

부착 높이	감지기의 종류	기 타
4[m] 미만	차동식(스포트형, 분포형), 보상식 스포트형, 정온식(스포트형, 감지선형), 이온화식 또는 광전식 (스포트형, 분리형, 공기흡입형), 열복합형, 연기복합형, 열연기복합형, 불꽃감지기	모든 감지기
4[m] 이상 ~ 8[m] 미만	차동식(스포트형, 분포형), 보상식 스포트형, 정온식(스포트형, 감지선형) 특종 또는 1종, 이온화식 1종 또는 2종 광전식(스포트형, 분리형, 공기흡입형) 1종 또는 2종 열복합형 연기복합형, 열연기복합형, 불꽃감지기	모든 감지기 중 1, 2종 감지기
8[m] 이상 ~15[m] 미만	차동식 분포형, 이온화식 1종 또는 2종, 광전식(스포트형, 분리형, 공기흡입형) 1종 또는 2종 연기복합형, 불꽃감지기	차동식 분포형 연기감지기(이온화식, 광전식, 연기복합식)1, 2종
15[m] 이상 ~20[m] 미만	이온화식 1종, 광전식(스포트형, 분리형, 공기흡입형) 1종 연기복합형, 불꽃감지기	연기감지기(이온화식, 광전식, 연기복합식)1종
20[m] 이상	불꽃감지기, 광전식(분리형, 공기흡입형) 중 아날로그 방식	행정자치부장관이 정하는 감지기

비고) 1) 감지기별 부착 높이 등에 대하여 별도로 형식승인받은 경우에는 그 성능 인정범위 내에서 사용할 수 있다.
2) 부착 높이 20[m] 이상에 설치되는 광전식 중 아날로그 방식의 감지기는 공칭감지 농도 하한값이 감광률 5 %/m 미만인 것으로 한다.

표 4-3 설치장소별 감지기 종류

<table>
<tr><th colspan="2">장 소</th><th>감 지 기</th></tr>
<tr><td rowspan="3">강 제
규 정</td><td>• 지하층 · 무창층 등으로서 환기가 잘 되지 아니하거나 실내용적이 적은 장소
• 감지기의 부착면과 실내바닥과의 사이가 가까운 곳으로서 일시적으로 발생한 열 · 연기 또는 먼지 등으로 인하여 화재신호를 발신할 우려가 있는 장소
• 위험물을 저장 · 취급하는 장소</td><td>복합형 감지기
축적형 감지기
불꽃 감지기
아날로그형 감지기
다신호식 감지기</td></tr>
<tr><td>• 계단 및 경사로(15[m] 미만의 것을 제외한다)
• 복도(30[m] 미만의 것을 제외한다)
• 엘리베이터 권상기실, 린넨슈투, 파이프닥트 기타 이와 유사한 장소
• 천장 또는 반자의 높이가 15[m] 이상 20[m] 미만의 장소
• 특정 소방 대상물의 취침, 숙박, 입원 등 이와 유사한 용도로 사용되는 거실</td><td>연기 감지기</td></tr>
<tr><td>• 주방 · 보일러실 등으로서 다량의 화기를 단속적으로 취급하는 장소</td><td>정온식 감지기</td></tr>
<tr><td rowspan="2">권 장
규 정</td><td>• 화학공장, 격납고, 제련소</td><td>분리형 광전식,
불꽃감지기</td></tr>
<tr><td>• 전산실, 반도체공장</td><td>공기흡입형
광전식 감지기</td></tr>
<tr><td>강 제
규 정</td><td>• 지하구</td><td>정온식 감지선형 감지기 또는 먼지 · 습기 등의 영향을 받지 아니하고 발화지점을 확인할 수 있는 감지기(차동식 분포형 · 광전식 분리형)로서 행정자치부장관이 정하여 고시하는 감지기를 설치할 것</td></tr>
</table>

1) 열감지기

화재시 화염이나 불꽃의 열에 의해 감지하는 기기로 차동식, 보상식, 정온식감지기가 있다.

① 차동식 감지기

차동식 열감지기는 실내의 온도상승률[$\Delta T/\Delta t$]의 기준값을 초과한 경우 동작한다. 화재발생시 온도상승이 일정시간 계속 지속되면 감지기가 동작하고 정해진 시간 이하에서는 동작하지 않는다. 그러므로 평상시 온도보다 몇 [℃] 높은 온도차가 정해진 시간 동안 계속 지속되면 동작하므로 차동식이라 한다.

차동식에는 일국소 부분의 열 상승에 의해 동작하는 스포트형과 광범위한 열효과 누적에 의해 동작하는 분포형이 있다.

㉮ **차동식 스포트형 감지기**

주위온도가 일정온도 상승률 이상이 되는 경우 동작되는 것으로 한정된 부분의 열효과에 의하여 작동하는 것이며, 신호접점의 종류에 따라 공기팽창식, 열기전력식, 열반도체식이 있고 감도에 따라 1종, 2종으로 구분된다

㉠ 공기팽창식

열에 의한 공기 팽창력을 이용한 것으로 감열실, 다이아프램, 리크(leak) 구멍 및 접점으로 구성된다. 이 감지기는 건물에서 흔히 볼 수 있는 감지기로서 화재가 발생하면 온도가 급격히 상승하여 감열실 내의 공기가 팽창하면 다이아프램을 밀어올려 접점을 접촉시켜 신호를 발생한다.

그러나 난방 등의 경우와 같이 실내온도가 완만하게 변할 때는 리크구멍을 통해 팽창된 공기가 빠져나가기 때문에 외부압력과 평형을 유지하여 접점이 닿지 않아 신호를 발생하지 않는다. 그러므로 공기구멍의 크기를 조절하여 감도를 조정할 수 있다. 공기팽창식 감지기의 구성부의 역할을 보면 다음과 같다

- 감열실 : 열을 유효하게 받는부분으로 50~70[cc]의 공간
- 다이아프램 : 직경35~45[mm], 두께0.03~0.04[mm]으로 신축성 있는 얇은 금속판(황동판)
- 리크구멍 : 완만한 온도상승시 공기흐름을 조정하여 감열실의 열을 조절하는 구멍
- 접점 : 전기접점(고정접점+가동접점)으로 PGS(Platinum, Gold, Silver)합금으로 구성
- 작동표시장치 : 감지기의 동작상태 표시

[그림 4-10] 공기팽창식 감지기

㉡ 열기전력식 열감지기

공기식의 감열부와 다이아프램 대신 반도체 열전대와 고감도 계전기를 사용한다.

열감지기에 사용된 열전대는 P형 반도체와 N형 반도체가 결합된 것으로 감열실 내에 급격한 온도상승으로 감열실이 열을 받게 되면 검지센서와 보상센서간의 온도 변화폭을 감지하여 프로그램된 수준 이상이면 화재신호를 발생한다. 난방 등으로 인한 완만한 온도 상승에 대하여는 감지센서와 보상센서가 서로 균형을 유지하게 되어 비화재보 발생이 거의 없다.

㉢ 열반도체식

금속은 온도가 높아지면 저항값이 증가하지만 코발트, 구리, 망간 등의 2종 금속체를 혼합하여 소결시켜 만든 반도체는 온도가 올라가면 저항값이 작아지는데 이러한 반도체를 서미스터라고 한다.

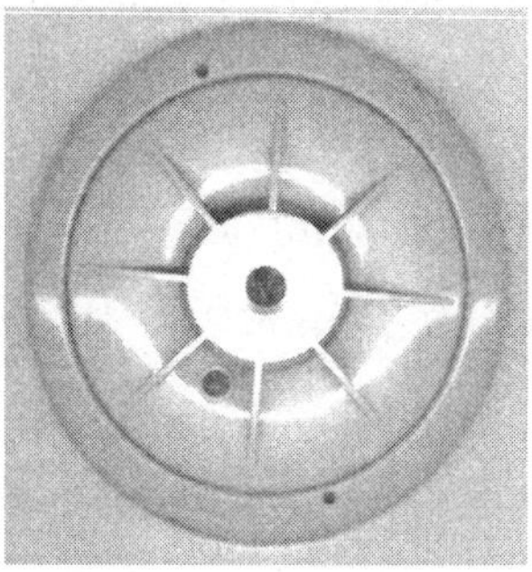

[그림 4-11] 열반도체식 감지기

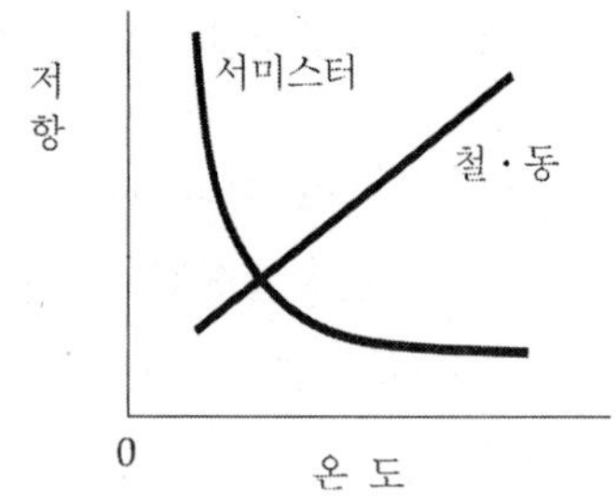

[그림 4-12] 서미스터의 특성

서미스터 특성을 이용하여 만든 감지기를 열반도체식 감지기라고 하는데 이 감지기는 화재가 발생하여 온도가 올라가면 저항이 작아지면서 전류가 흘러 릴레이를 작동시키게 된다.

서미스터(Thermister)란 반도체를 이용한 저항형 온도센서를 말한다. 서미스터는 그림과 같이 온도가 올라가면 전기저항이 감소하여 (-)의 온도계수를 갖는다고 한다. 그러나 철 · 동 등의 금속은 온도가 상승하면 전기저항값이 증가하는 성질이 있어 이것을 (+)온도계수를 갖는다고 한다. 서미스터는 망간 · 니켈이나 코발트 등의 산화물을 혼합하여 고온에서 소결한 것이다.

㉯ 차동식 분포형 감지기

차동식 분포형은 한정된 구역이 아닌 어느 일정한 경계구역을 전체로 하여 넓은 범위를 감시하는 것으로 열효과의 누적에 의해 작동하는 것을 말한다. 차동식 스포트형과는 달리 열을 감지하는 감열부분과 검출부분이 분리되어 있으며, 공기관식, 열전대식, 열반도체식이 있다.

㉠ 공기관식 열감지기

공기관식 열감지기는 열은 감지하는 감열부(공기관)와 감열부에서 전해진 공기의 팽창을 감지하는 검출부(다이아프램, 리크구멍, 접점)로 구성된다

공기관은 외경 2.0[mm], 두께 0.3[mm] 이상의 중공동관으로 되어 있으며, 방의 천장 부근의 구석 또는 천장면을 일정간격으로 둘러싸서 공기관 양끝을 검출부에 연결한다. 화재발생시 천장면에 둘러 쌓인 공기관 내의 공기가 가열 팽창되어 검출부 내의 다이아프램을 밀어올리게 되면 접점이 연결되어 수신기에 통보한다. 그러나 검출부에는 리크구멍이 설치되어 있어 평상시의 완만한 온도상승에는 화재경보가 발하지 않는다.

【공기관식 감지기 설치기준】

① 공기관의 노출부분(공기관의 길이)은 20[m]~100[m] 이내이어야 한다.
② 공기관과 감지구역 각 변과의 수평거리는 1.5[m] 이내이어야 하고 공기관 상호거리는 6[m] 이하(내화구조는 9[m] 이하)가 되어야 한다(천장에서는 0.3[m] 이하).
③ 공기관은 도중에 분기하지 말고 검출부는 바닥에서 0.8~1.5[m]에 위치하고 검출부는 5° 이상 경사되지 않아야 한다. 만일 감지면적이 작은 창고, 벽장 등의 부착면 각 변에 공기관을 부설하는 경우 20[m] 이상이 미치지 못하는 경우에는 감지동작이 빨라 오동작의 우려가 있기 때문에 공기관을 20[m] 이상을 유지하기 위해 2중, 3중 또는 코일감기를 한다. 또한 공기관의 최대 길이는 감지동작 지연을 방지하기 위해 100[m] 이내를 유지하여야 한다.

【공기관 고정방법】

- 직선부분 : 지지금속 기구의 간격은 35[cm] 이내로 한다.
- 굴곡부분, 접속부분 : 굴곡부, 접속부에서 5[cm] 이내로 고정한다.
- 굴곡부 반경은 5[mm] 이상으로 한다.
- 공기관의 접속은 금속슬리브 양쪽으로 공기관을 끼우고 공기가 새지 않도록 접속부분에 납 땝한다.

공기관의 작동시험은 펌프시험, 작동계속시험, 유통시험, 접점수고시험이 있으며, 공기관 누설시험 측정기로서 마노미터를 사용하여 유체압력을 측정한다.

작동을 하는 경우 공기관 중 검출부로부터 가장 먼거리에 있는 부분이 매분 직선적인 비율로 상승하는 경우(1종 : 7.5℃, 2종 : 15℃, 3종 : 30℃) 1분 이내에 작동하여야 한다.

㉡ 열전대식 감지기

감지기의 감열부에 열전대를 사용한 것으로 열전대와 검출부가 분리되어 있다.

서로 다른 두 종류의 금속선을 접합하여 한쪽은 온도를 일정하게 유지하고 다른 쪽의 접점에 온도를 변화시키면 양접점의 온도차에 비례하는 열기전력이 발생하는 현상을 열전효과라 하며, 이 열전효과를 이용하여 온도를 측정하도록 만든 것을 열전대라 한다.

동작원리는 화재가 발생하여 온도가 상승하고 감열실 내의 냉온접점간의 온도차가 발생하여 두 금속선에 발생되는 열기전력에 의해 고감도 미터릴레이가 접점을 닫아 화재신호를 수신기에 보낸다.

그러나 난방등에 의해 실내 온도가 서서히 상승할 때는 냉접점에서 발생하는 열기전력이 온접점의 열기전력과 서로 상쇄되어 동작하지 않는다.

열전대부와 전선은 슬리부 접속을 시행한다.

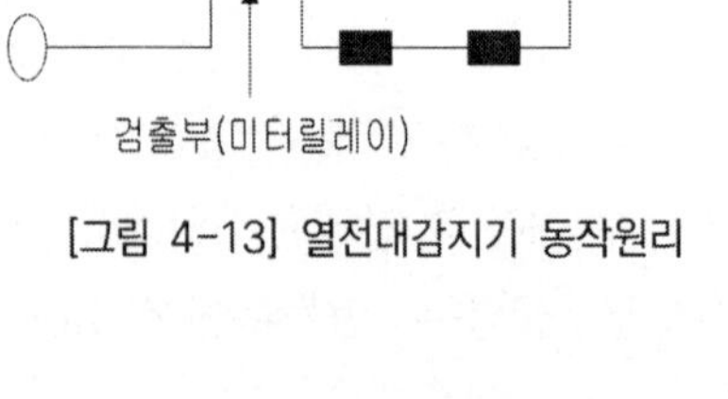

[그림 4-13] 열전대감지기 동작원리

【제어백 효과】

열전류 특성이 다른 두 금속(철-콘스탄탄)을 접합하고 접합부분에 열을 가하면 두 금속 양단에는 열기전력이 발생한다. 즉 두 금속은 열전류 특성이 달라 같은 열을 가해도 온도상승이 달라지며 고온부분에서 저온 부분으로의 자유전자의 이동에 의해 열전류가 발생되어 금속의 양단자에 전위차가 발생되는 현상이다.

이 현상을 제어백(Seeback) 효과라 하고 두 종류 금속 A, B를 조합한 한 쌍의 금속을 열전대(Thermo couple)라 한다. 이 열전대를 이용하여 온도측정이나 화재감지기용으로 사용하고 있다. 보통 열기전력은 1[℃]의 냉온접점간의 온도차에 대하여 40~50[μV] 정도이며, 철-콘스탄탄이 가장 크다(철-콘스탄탄 : 54[μV], 동-콘스탄탄 : 42[μV]).

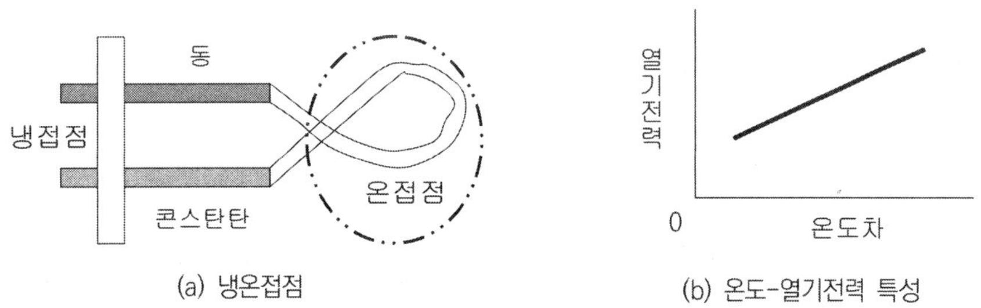

[그림 4-14] 열전대 효과

【펠티어 효과】

제어백 효과의 역으로 두종류의 서로 다른 금속으로 폐회로를 만들어서 폐회로에 전류를 흐르게 하면 금속의 양접속 부분의 한 부분은 온도가 상승하고, 다른 한 부분은 온도가 하강하는 현상이 발생한다.

이 경우에 전류의 방향을 반대로 하면 온도의 상승부분과 하강부분이 서로 바뀌게 되는데 이 현상을 펠티어 효과(Peltier Effect)라 부르고, 전자냉장고 등에 사용되고 있다.

【열전대 설치기준】

① 열전대부는 감지구역 바닥면적18[㎡]마다 1개 이상 설치해야 한다(내화구조는 22[㎡]). 다만, 바닥면적이 72[㎡] 이하인 소방대상물에 있어서는 4개 이상으로 한다(내화구조는 88[㎡]).

② 하나의 검출부에 접속하는 열전대부는 20개 이하로 한다.

㉢ 열반도체식 감지기

온도가 상승하면 전기저항이 작아지면서 열에너지를 전기에너지로 변환하는 열반도체 특성을 이용하여 화재를 감지하는 방식이다.

감열부는 수열판과 열반도체 소자로 되어 있으며 화재에 의해 온도가 상승하는 경우 열반도체 소자에 냉·온 접점간의 큰 온도차에 의해 열기전력이 발생하며 검출부 접점을 동작시켜 수신기에 화재신호를 보낸다. 열기전력을 발생시킬 때 단자와 열반도체를 접속하는 동-니켈선은 열반도체 기전력과 역방향의 기전력을 발생시킨다.

이 역기전력은 급격한 온도상승에 대해서는 기전력이 매우 크게 되고 완만한 온도상승에 대해서는 아주 작은 기전력이 발생되어 급격한 온도상승에 대한 기전력에 의해 검출부의 릴레이가 동작하게 된다.

열반도체는 Bi(비소), Sb(안티몬), Te(텔루늄) 등의 화합물로 구성되며, 이 반도체는 열전대와 마찬가지로 열에 반응하여 기전력을 발생시키는 소자이다.

【열반도체식 감지기 설치기준】

- 감지면적은 감지기 설계기준에 따르며, 각 면적마다 1개 이상을 설치할 것. 다만, 바닥면적이 다음 표에 따른 면적의 2배 이하인 경우에는 2개(부착 높이가 8[m] 미만이고, 바닥면적이 설계기준에 따른 면적 이하인 경우에는 1개) 이상으로 하여야 한다.
- 하나의 검출기에 부착하는 감지기는 2~15개 이하가 될 것

2) 정온식 감지기

정온식 감지기는 시간흐름에 관계없이 주위온도가 일정한 온도 이상이 되는 경우에 동작하는 감지기로 외관이 전선으로 되어 있지 않은 정온식 스포트형과 전선으로 되어 있는 정온식 감지선형이 있다.

(a) 일반형

(b) 방폭형

[그림 4-15] 정온식 스포트형 감지기

㉮ 정온식 스포트형

정온식 스포트형 감지기는 일국소의 주위온도가 일정한 온도 이상이 되는 경우에 작동하는 것으로서 감지소자는 일반적으로 바이메탈과 서미스터, 금속·액체 팽창계수, 가용절연물 등을 이용한다.

㉠ 바이메탈 활곡·반전을 이용한 것

바이메탈이란 팽창계수가 매우 다른 두 종류의 얇은 금속편을 맞붙여 특정온도가 되면 현저하게 구부러지는 특성을 갖는 것을 말한다. 정온식 감지기는 이러한 바이메탈을 이용하여 일정온도가 되면 바이메탈이 활곡되거나 반전되어 접점을 닫히도록 구성되어 있다.

【바이메탈】

금속의 열팽창계수는 금속종류에 따라 큰 차이가 있다. 이를 이용하여 열팽창계수가 다른 두종류의 금속 A, B를 용착한 것이 바이메탈(Bimetal)이다.

금속B가 금속A보다 열팽창계수가 큰 것으로 한후 열을 바이메탈에 가하면 열팽창계수 차에 의해 열팽창계수가 적은 금속인 A쪽으로 완곡된다. 그러나 온도가 원상태로 되면 금속의 완곡도 없어져 원상태로 복귀된다. 고팽창금속으로는 황동을 저팽창금속으로는 철+니켈 등을 사용한다.

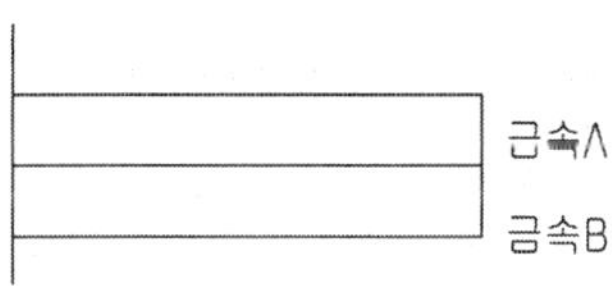

(a) 동작 전

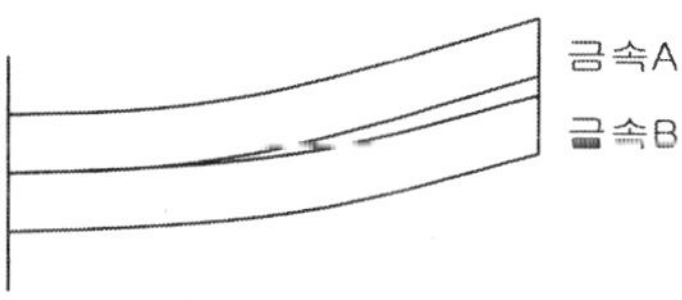

(b) 동작 후

[그림 4-16] 바이메탈 열팽창

표 4-4 바이메탈 구성온도

바이메탈 구성	사용온도[℃]
황동과 니켈	100
황동과 인바르	150
모네메탈과니켈강	250

㉡ 금속팽창계수를 이용한것

외부통은 팽창계수가 큰 금속으로 하고 내부는 팽창계수가 적은 금속을 접점으로 고정한 감지기이다. 화재가 발생하면 내부에 설치된 저팽창금속은 거의 고정되어 있으나 외부통은 많이 팽창하게 됨으로써 내부의 양측으로부터 잡아 당기는 결과가 된다. 이때 접점은 폐쇄되어 수신기에 신호를 보낸다

㉯ **정온식 감지선형**

정온식 감지선형 감지기는 한정된 장소의 온도가 일정한 온도 이상이 되는 경우에 작동하는 것으로서 외관이 전선으로 되어 있는 것을 말한다. 감지소자는 가용절연물로 절연한 2개의 전선을 이용하는데 감지선 전체가 감지부로서 감지선 어떤 지점에서 화재가 발생되어 열이 전달될 경우 이열은 감지선 내의 가용절연물을 녹이고 그 안에 있는 두선을 접촉시킴으로써 화재신호를 전달한다.

내부를 보면 내부의 두 선을 절연물로 감싸고 있어 두선이 절연된 상태로 있게 된다. 화재시 이 절연체가 녹아 두 선을 접촉시키는 것이다. 비재용형으로 한번 작동 후에는 새로운 감지선으로 교체해야 하며, 주로 설치되는 장소는 케이블트레이, 컨베이어, 연료탱크, 교량, 송유관 등에 사용된다.

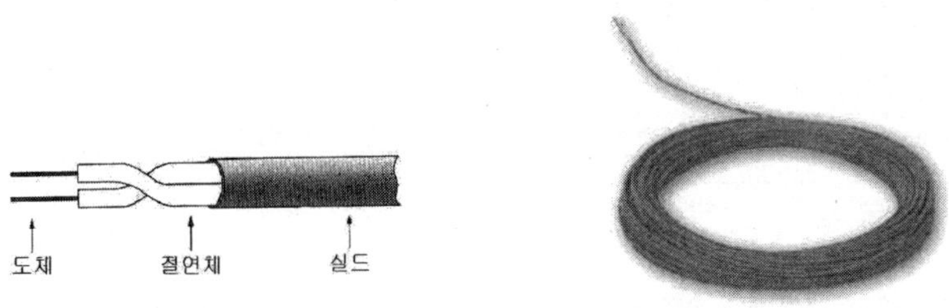

[그림 4-17] 정온식 감지선 외형

【정온식 감지선형 감지기 설치기준】

① 보조선이나 고정금구를 사용하여 감지선이 늘어지지 않도록 설치할 것
② 단자부와 마감 고정금구와의 설치간격은 10[cm] 이내로 설치할 것
③ 감지선형 감지기의 굴곡반경은 5[cm] 이상으로 할 것
④ 감지기와 감지구역의 각 부분과의 수평거리가 내화구조의 경우 1종 4.5[m] 이하, 2종 3[m] 이하로 할 것. 기타 구조의 경우 1종 3[m] 이하, 2종 1[m] 이하로 할 것

⑤ 케이블 트레이에 감지기를 설치하는 경우에는 케이블 트레이 받침대에 마감금구를 사용하여 설치할 것
⑥ 지하구나 창고의 천장 등에 지지물이 적당하지 않는 장소에서는 보조선을 설치하고 그 보조선에 설치할 것
⑦ 분전반 내부에 설치하는 경우 접착제를 이용하여 돌기를 바닥에 고정시키고 그곳에 감지기를 설치할 것

㉢ 보상식 스포트형 감지기

보상식 스포트형 감지기는 차동식 스포트형 감지기와 정온식 스포트형 감지기의 성능을 겸한 것으로 두 가지의 성능 중 어느 한 기능이 작동되면 신호를 발하도록 되어 있는 감지기이다.

차동식과 정온식은 화재시 발생하는 열의 증감형태에 따라 감지시간이 달라 질 수 있다.

차동식은 화재시 온도가 빠르게 증가하면 화재 초기에 화재를 감지할 수 있으나 온도가 빨리 증가하지 않는 지연화재인 경우에는 화재감지가 늦어질 수 있다는 단점이 있으며, 정온식 감지기는 일정한 온도가 되어야 감지하기 때문에 화재 초기에 감지하기가 어렵다는 단점이 있다.

화재시 차동식 감지기는 주위온도가 일정한 온도상승률 이상으로 되었을 때 다이아프램을 밀어올려 접점을 닫아 신호를 수신기에 보낼 수 있다. 그러나 이때 온도가 완만하게 상승하는 경우 리크구멍으로 기류가 유출되어 작동하지 않는다. 그러나 일정온도에 도달하면 정온식 열감지기의 원리에 따라 저팽창금속과 고팽창금속 사이에 팽창률이 큰 금속편이 활처럼 구부러져 접점을 닫게 하는 정온식 특성으로 동작한다.

즉 차동식 열감지기가 동작하지 않는 온도상승 속도에 대하여 일정온도가 되면 반드시 동작할 수 있도록 정온특성을 보강한 감지기를 보상식 감지기라 한다.

2) 연기감지기

① 연기의 특성

화재발생 초기에 나타나는 열·연기·가스 등은 일상생활에서도 이와 유사한 물리·화학적 현상으로 나타나므로 화재 초기상태를 검출하는 것은 매우 어렵다.

특히 담배와 같은 소량의 물질 등이 연소할 때 발생되는 연기는 화재시 발생되는 연기와 구분하기가 매우 힘들다.

연기란 연소시에 탄소를 함유한 물질이 고온으로 분해하여 증발함으로써 발생되는 고체 또는 액체의 미립자로 된 에어로졸(Aerosols)을 말한다. 그 입자의 크기는 0.5~10[μm] 정도로 다양하며 입자의 색깔도 다양하다.

화재 초기에는 입자크기가 작은 연기가 나오다가 연소가 진행될수록 입자가 큰 연기가 나오는 경향이 있다. 최근 내장재로 많이 사용되는 플라스틱 등의 재료는 연소시 열분해 속도가 빨라 이에 필요한 공기가 부족해 연기입자의 산화가 충분히 이루지 못하여 연기가 많이 발생한다. 화재 초기에는 작은 입자의 연기가 공기중을 부유하면서 브라운 운동(Browning motion)을 지속하다 점점 큰 입자로 결합되고 큰 입자는 중량에 의해 서서히 낙하하게 된다. 여기미립자의 밀도, 가스 함유량에 따라 순한 연기, 유독성연기, 맹독성연기 등으로 구분하며, 연소물질에 따라 색깔이 다르다.

즉, 수분이나 습기를 가진 물질이 연소할 때는 백색연기를 건초나 섬유질이 연소할 때는 회색연기를 폭약이나 TNT 등은 황색이 되며 불완전연소가 심하든가 고무, 석탄, 석유등이 연소할 때는 진한 검은색을 띈다.

② 연기감지기의 종류

연기감지기는 물질이 연소할 때 단위시간당 일정량 이상의 연기의 양이 될 때 화재를 감지하는 기기이다. 그러므로 연기감지기는 화재시 공기중에 부유하고 있는 완전연소되지 않은 연기를 검출, 탐지하여 그 신호를 통보할 수 있다.

연기의 유동속도는 수평방향으로 0.5~1[m/s], 수직방향으로 2~3[m/s]이다. 또한 감지방식에 따라 이온화식과 광전식으로 분류할 수 있다.

- 이온화식 : 검지부에 연기가 들어가면 이온전류가 변화하여 화재를 감지한다.
- 광전식 : 검지부에 연기가 들어가면 광전소자에 비추는 광선량 변화에 따라 화재를 감지한다. 감지기 농도는 1, 2, 3종이 있으며, 1종은 연기농도 5[%], 2종은 연기농도 10[%], 3종은 연기농도 15%]에서 동작한다.

또한 연기농도의 축적시간에 따라 축적형과 비축적형이 있다.

- 비축적형 : 일정농도의 연기가 외부이온실에 유입되었을 때 30초 이내에 감지하여 화재신호를 발생한다.
- 축적형 : 일정농도 이상의 연기가 일정시간 지속될 때 작동하는 감지기이다. 이는 일시적으로 발생하는 연기에 의해 오동작하는 것을 방지하기 위한 것으로

30초 이내에 감지한 후 5~60초의 축적시간 후 신호를 발한다. 공칭 축적시간은 10,20,30,40,50,60초의 6가지가 있고, 감도에 따라 1종, 2종, 3종으로 구분된다.

【연기감지기의 특징】

- 화재의 조기 발견으로 초기 피난유도에 적합하다.
- 마모가 없으며 다시 사용해도 감도를 재조정할 필요가 없다.
- 감지기 1개당 경계할 수 있는 면적이 넓고 8[m] 이상의 높은 천장에 설치할 수 있다.

【연기감지기 설치기준】

- 감지기의 부착 높이에 따라 다음 표에 따른 바닥면적마다 1개 이상으로 할 것
- 감지기는 복도 및 통로에 있어서는 보행거리 30[m](3종에 있어서는 20[m])마다, 계단 및 경사로에 있어서는 수직거리 15[m](3종에 있어서는 10[m])마다 1개 이상으로 할 것. 다만, 계단 및 경사로에서는 15[m] 미만과 복도에서 30[m] 미만은 설치를 제외한다.
- 천장 또는 반자가 낮은 실내 또는 좁은 실내에 있어서는 출입구의 가까운 부분에 설치할 것(천장 높이 2.3[m]미만, 바닥면적 40[㎡] 미만인 거실)
- 천장 또는 반자부근에 배기구가 있는 경우에는 그 부근에 설치할 것
- 감지기는 벽 또는 보로부터 0.6[m] 이상 떨어진 곳에 설치할 것
- 엘리베이터 권상기실, 린넨슈트, 파이프덕트 기타 이와 유사한 장소
- 천장 또는 반자의 높이가 15[m] 이상 20[m] 미만의 장소
- 보행거리에 대하여 수직거리가 5[m] 미만이 되는 경사로는 통로에 준한다(단, 수직거리가 5[m]이상인 경우에는 계단으로 본다).
- 에스컬레이터에 있어서는 수직거리 15[m]마다 1개 이상 설치한다.

㉮ 이온화식 감지기

방사능 물질에서 방출되는 α선은 공기를 이온화시키며 이온화된 공기는 전리현상으로 전도성을 갖게 된다. 그림에서 양 전극 사이에 α선을 조사하면 양극간은 전리현상으로 약간의 전도성을 갖게 되고, (+), (-)이온은 각각 상대전극으로 이동하는 이온전류가 발생되는 이온화 현상이 발생한다.

이온화식 감지기는 충전전극 사이에 방사선 물질(아메리슘 : Am241)을 봉입하

여 이온화된 공기에 의해 전류를 흐르도록 구성되어 있다. 화재발생시 일정농도 이상의 연기가 충전전극 사이로 들어와 이온화된 공기와 결합하면 평상시에 흐르던 전류보다 적은 전류가 흐르게 된다.

이러한 전류의 변화량에 의해 릴레이가 작동하여 수신기에 신호를 보내도록 구성된 것이 이온화식 감지기이다.

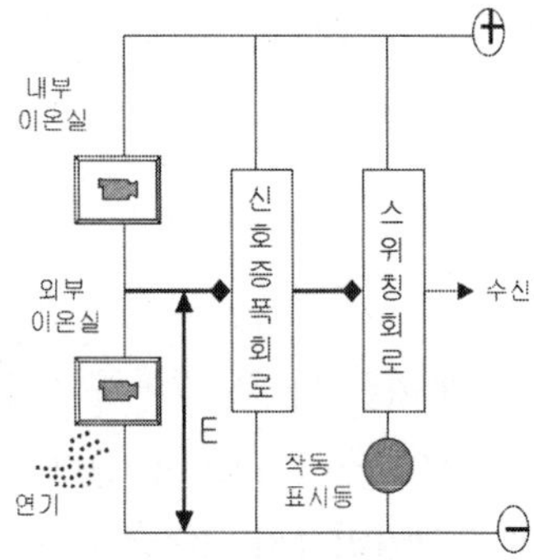

(a) 스위칭 동작

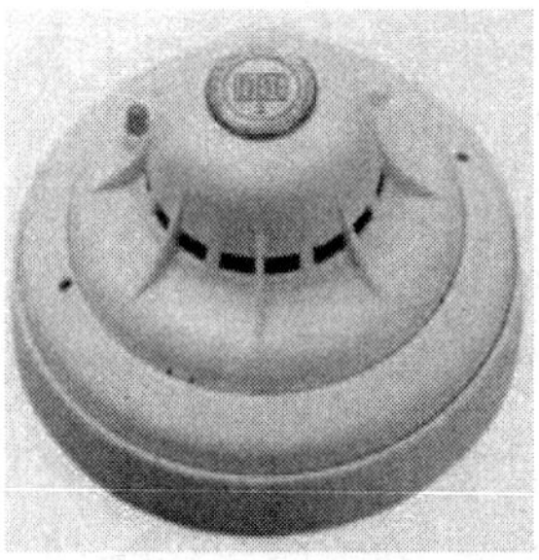

(b) 감지기 외형

[그림 4-18] 이온화식 감지기

감지기는 공기가 자유롭게 이동하는 외부이온실과 외기와 독립되어 밀폐된 내부이온실이 있으며, 각 이온실에는 소량의 방사선원이 봉입되어 있다. 그러므로 각 이온실의 공기분자는 방사되는 α선에 의해 이온전류가 흐르고 있다.

외부이온실에 연기가 들어가면 이온은 연기 중에 포함된 미립자에 흡착되어 이동속도는 늦어지고 α선도 연기의 미립자에 흡수되어 이온화 작용이 방해를 받게 된다.

그 결과 외부이온실에 흐르는 이온전류는 감소하게 되는데 이것은 내부저항이 증가하는 것과 같다. 외부이온실의 내부저항이 내부이온실의 내부저항보다 커지면 그 사이의 단자전압 차만큼의 전압이 발생되고 그 전압은 증폭기를 통하여 스위칭 회로(Tr, SCR)를 동작시켜 수신기로 화재신호를 보낼 수 있게 된다.

이 감지기는 미립자 크기가 0.01~3[μ]인 검은색 연기를 발생하는 플라스틱이나 인화성 유류의 사용장소, 눈에 보이지 않는 연소물 감지에 사용된다.

㈏ 광전식 감지기

광전식 감지기는 외부의 빛에 영향을 받지 않는 암실형태의 실험실 속에 연기가 빛을 차단하거나 반사하는 원리를 이용한 것으로서 빛을 발산하는 발광소자와 빛을 전기로 전환시키는 광전소자를 이용한다.

감지기 구조에 따라 스포트형, 분리형, 공기흡입형이 있다.

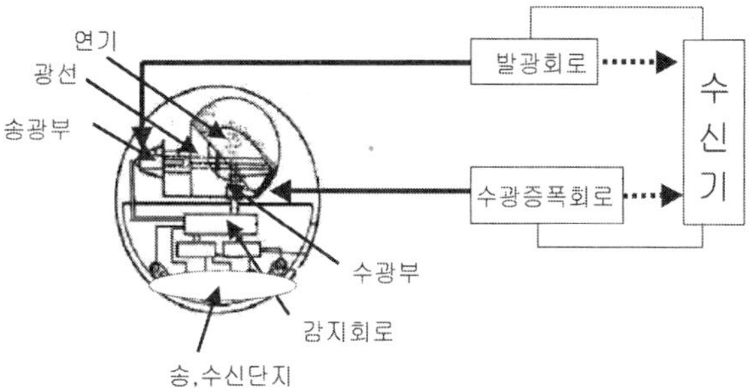

(a) 감지회로 구성

(b) 감지기 외형

[그림 4-19] 광전식 감지기

㉠ 광전식 스포트형 감지기

광전식 스포트형 감지기는 발광소자와 수광소자를 감지기 내에 구성한 것으로 감지기 주위의 공기가 일정한 농도의 연기를 포함하게 되는 경우에 동작하도록 한 감지기이다. 빛의 산란을 이용하는 산란광식과 빛의 차단을 이용하는 감광식이 있다.

산란식은 감지기 내부에 연기가 유입되면 연기에 포함되어 있는 미립자가 발광부로부터 방사되는 빛에 의해 산란반사된다.

연기가 없는 경우에는 빛의 산란이 없으므로 광전소자는 빛을 전혀 받지 않기 때문에 수광부에는 변화가 없다. 화재가 발생하여 실험실 안에 연기가 들어오면 산란반사에 의한 산란광이 수광소자를 동작시켜 수신기에 신호를 보낸다.

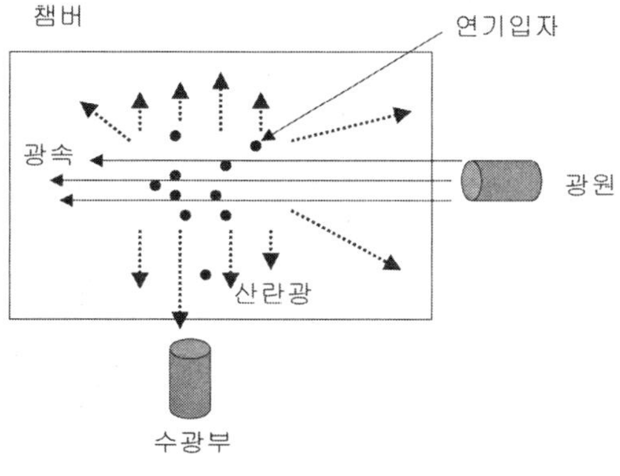

[그림 4-20] 산란광식 감지기

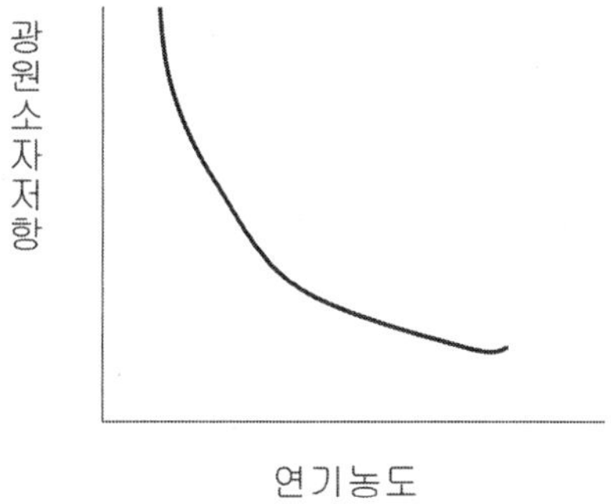

[그림 4-21] 연기에 따른 저항변화

감광식은 발광부에서 방사되는 빛이 수광부에 직접 조사되는 구조로 되어 있다. 실험실에 연기가 유입되면 연기에 포함된 미립자에 의해 빛의 양이 감소하여 수광부의 출력전압이 낮아진다. 낮아진 전압에 의해 수신기는 정보를 전달받아 화재신호를 발신하도록 한 감지기이다.

산란광식이나 감광식 감지기는 라비린스(Labyrinth)에 의해 자연광이나 조명광 등의 외광은 감지기 내부로 조사될 수는 없으나 연기는 자유로이 출입할 수 있는 구조로 되어 있다.

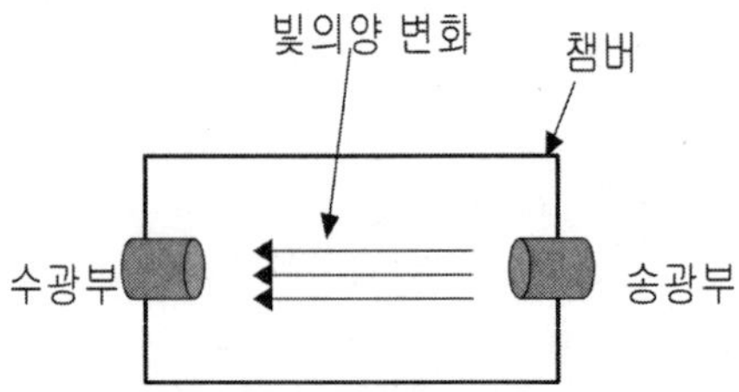

[그림 4-22] 감광식의 감지형태

ⓛ 광전식 분리형 감지기

광전식 분리형 감지기는 발광부와 수광부가 분리된 것으로 연기에 의해 빛 도달량의 감소를 측정하여 화재신호를 발하기 때문에 화재발생 초기단계에서 천장부분에 넓게 확산되는 연기가 검지부에 들어가면 광전소자의 수광량이 변화하는 것을 이용하여 작동한다.

또한 감지농도를 스포트형보다 높게 설정해도 화재 감지성능이 떨어지지 않으며 일시적인 연기의 체류농도에는 동작하지 않는 등의 장점을 가지고 있다. 그리고 물체 등에 의해 전체가 차단되면 오동작으로 판단하여 동작하지 않는다.

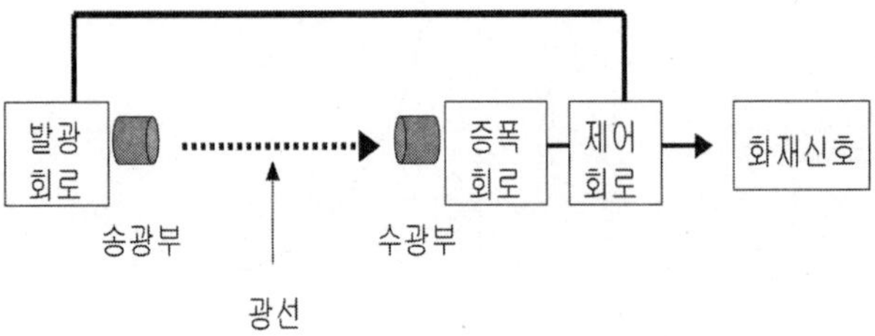

(a) 광전식 분리형 감지기 구성

(b) 분리형 감지기 외형

[그림 4-23] 분리형 광전식 감지기

발광부와 수광부의 거리는 5~100[m] 정도가 되기 때문에 큰 공간을 갖는 체육관이나 홀 등에 효과적으로 이용할 수 있으며 화학공장, 격납고, 제련소 등에도 광전분리형 감지기 또는 불꽃감지기를 감지기의 공칭 감시거리 및 공칭 시야각 등 고려하여 설치할 수 있다.

【광전식 분리형 감지기 설치기준】

- 감지기의 수광면은 햇빛을 직접 받지 않도록 설치할 것
- 광축(송광면과 수광면의 중심을 연결한 선)은 나란한 벽으로부터 0.6[m] 이상 이격하여 설치할 것
- 감지기의 송광부와 수광부는 설치된 뒷벽으로부터 1[m] 이내 위치에 설치할 것
- 광축의 높이는 천장 등(천장의 실내에 면한 부분 또는 상층의 바닥 하부면을 말한다) 높이의 90[%] 이상일 것
- 감지기의 광축의 길이는 공칭 감시거리 범위 이내일 것

02 비상경보설비

비상경보설비는 자동화재탐지설비와 그 외 다른 방법에 의해 감지된 화재의 발생이나 상황을 소방대상물 내부에 있는 사람에게 경보하여 초기소화를 용이하게 하고 피난활동을 신속하게 하기 위하여 설치하는 것으로 비상벨(경종), 자동식 사이렌, 단독경보형 감지기 등이 있다.

그러나 수용인원이 많은 대형건물에서는 비상방송설비를 설치하여야 한다.

2.1 비상경보설비 설치대상

- 연면적 400[㎡]
- 지하층 또는 무창층의 바닥면적이 150[㎡](공연장인 경우 100[㎡]) 이상인 것
- 지하가 중 터널로서 길이가 500[m] 이상인 것
- 50인 이상의 근로자가 작업하는 옥내작업장
- 가스시설 또는 지하구를 제외한다

또한 단독경보형 감지기를 설치하여야 하는 특정소방대상물은 다음과 같다.

- 연면적 1000[㎡] 미만의 아파트, 기숙사
- 교육연구시설 내에 있는 합숙소 또는 기숙사로서 연면적 2000[㎡] 미만의 숙박시설
- 자동화재탐지설비가 설치되지 않은 청소년시설(숙박시설이 있는 것에 한한다)

2.2 경보설비의 종류

음향장치는 경종(Alarm bell)과 사이렌(Siren)이 있는데, 경종은 수신기의 기동출력에 의해 모터가 동작되어 종을 타종하는 방식과 전자석을 이용한 방식이 있다.

그리고 사이렌은 일정주파수를 발진시켜 스피커를 명동시키는 장치로 학교·공장 등의 옥외경보용으로 사용되며, 자동화재 탐지설비의 음향장치로는 대부분 경종을 사용한다.

음향장치는 수신기의 내부 또는 근처에 설치하는 주음향장치와 소방대상물의 각각의 장소에 설치하는 지구음향장치가 있는데 지구음향장치는 발신기와 함께 속보세트에 내장되거나 옥내소화전 설비가 설치되는 경우에는 옥내소화전함의 상단에 속보세트 형태로 설치된다.

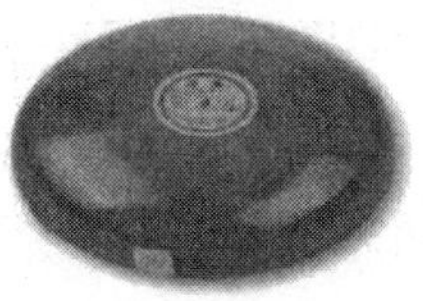

(a) 경종

(b) 사이렌

(c) 사이렌(방폭형)

(d) 사이렌(방수형)

[그림 4-24] 경종과 사이렌

03 비상방송설비

비상방송설비는 화재시 기동장치를 조작하여 증폭기의 전원이 자동으로 투입되게 하거나 수신기에서 화재 수신시 자동 또는 수동으로 증폭기의 전원이 투입되어 조작장치의 마이크로폰이나 화재시 비상 안내방송을 확성기를 통하여 비상경보방송을 동작하는 설비이다.

3.1 비상방송설비 설치대상

- 연면적 3,500[㎡] 이상인 것
- 지하층을 제외한 층수가 11층 이상인 것
- 지하층의 층수가 3개층 이상인 것
- 가스시설 · 지하구 및 지하가 중 터널을 제외한다

3.2 비상방송설비 구성

비상방송설비는 자동화재탐지설비로부터 화재신호를 받아서 확성기로 화재발생을 알려준다. 비상경보설비는 피난시 안전시고를 최소화하고 질서 있게 피난할 수 있도록 다음과 같이 경보되도록 되어 있다.

2층 이상의 층에서 발화한 때에는 발화층 및 직상층에, 1층에서 발화한 때에는 발화층·그 직상층 및 지하층에, 지하층에서 발화한 때에는 발화층·직상층 및 기타의 지하층에 우선적으로 경보를 발할 수 있도록 하여야 한다.

또한 자동화재탐지설비에는 비상방송설비로 화재신호를 보내지 못하도록 하는 연동정지 스위치가 있는데, 이 스위치가 연동정지에 있으면 비상방송설비가 작동하지 못하므로 검사시 이에 대한 사항을 주의하여야 한다.

비상용과 업무용 방송을 겸용하는 경우 일반적으로 업무용 방송을 할 때에는 보통 음량을 조절하여 방송하게 된다. 그러나 돌발적인 사태가 발생하여 비상 경보방송을 할 필요가 있을 때는 정격음량으로 유효하게 피난방송를 할 수 없게 될 우려가 있다.

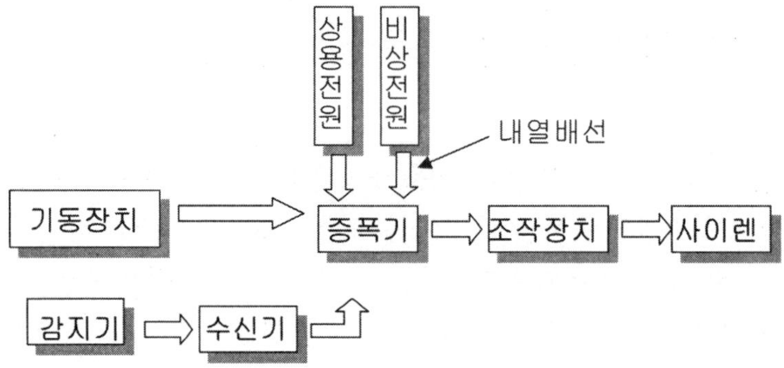

[그림 4-25] 비상경보설비 구성도

따라서 음량조절기를 설치하는 경우 별도의 비상용 배선으로 유효하게 피난유도를 할 수 있도록 하는 배선을 3선식 배선이라 한다.

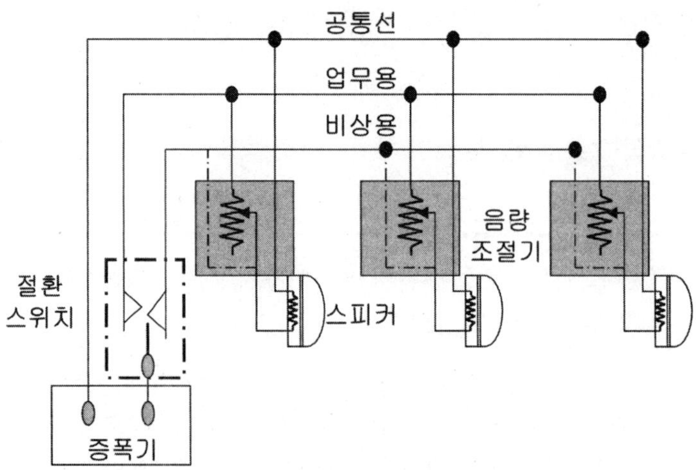

[그림 4-26] 비상방송설비 3선식 배선

04 자동화재속보설비

화재발생시 자동화재탐지설비로부터 화재신호를 받아 자동 또는 수동으로 화재발생과 소방대상물의 위치를 소방서에 음성으로 통보하는 설비를 자동화재속보설비라 한다. 자동화재속보설비는 화재신호를 수신하면 5~7초 동안 화재 여부를 판정하여 화재발생을 소방관서에 통보하고 전화를 설치하고 있는 경우에는 상용전화선을 차단하고 119를 구동시켜 5분 이상 녹음테이프에 녹음된 세트에 연결되어 20초 이내에 3회 이상 반복하여 신호를 발생한다. 신고가 끝나면 일반전화 선로로 자동 복귀되고 '신고 끝'이란 램프가 점등되면서 속보기의 동작은 완료된다.

4.1 화재속보설비 설치대상

- 공장 및 창고시설 또는 업무시설(사람이 근무하지 아니하는 시간에는 무인경비 시스템으로 관리하는 시설에 한한다)로서 바닥면적이 1500[㎡] 이상인 층이 있는 것
- 노유자시설로서 바닥면적이 500[㎡] 이상인 층이 있는 것
- 교육연구시설 중 청소년시설(숙박시설이 있는 건축물에 한한다)로서 바닥면적이 500[㎡] 이상인 층이 있는 것

【면제대상】

수신반이 설치된 장소에 상시 통화가 가능한 전화가 설치되어 있고, 감시인이 상주하는 경우에는 자동화재속보설비를 하지 아니할 수 있다. 또한 설비의 실효성이 적어 1998년 행정자치부 규제개혁 추진 방침에 따라 폐지하였으므로 관리자의 필요성에 따라 자율적으로 설치를 결정할 수 있다.

05 누전경보기

누전경보기는 건축물의 천장 · 바닥 · 벽 등의 보강재로 사용하고 있는 금속류등이 누전의 경로가 되어 화재를 발생시키기 쉬우므로 이것을 방지하기 위하여 누설전류가 흐르면 자동적으로 경보를 통보하는 설비이다.

이러한 누전경보기는 600[V] 이하인 전기선로에 설치되며 부하측으로부터 지락·단락 등에 의해 절연파괴로 인한 화재 및 감전사고를 방지하기 위한 설비이다.

5.1 누전경보기 설치대상

누전경보기는 계약전류용량이 100[A]를 초과하는 특정 소방대상물에 설치하여야 한다.

【주요 설치대상】

내화구조가 아닌 건축물으로서 벽 · 바닥 또는 반자의 전부나 일부를 불연재료 또는 준불연재료가 아닌 재료에 철망을 넣어 만든 재료를 사용해 건축한 소방대상물로서 계약전류용량(동일 건축물에 계약종별이 다른 전기가 공급되는 경우에는 그 중 최대 계약전류용량을 말한다)이 100[A]를 초과하는 것에는 누전경보기를 설치해야 한다.

【면제대상】

누전경보기를 설치하여야 할 소방대상물 또는 그 부분에 전기관련법령에 의한 지락차단장치를 설치한 경우에는 그 설비의 유효범위 안의 부분에는 누전경보기를 설치하지 아니할 수 있다.

5.2 누전경보기 작동원리

전선로의 절연파괴 또는 지락등에 의해 정상적인 전류의 통로 이외의 통로로 흐르는 것 누전이라 한다.

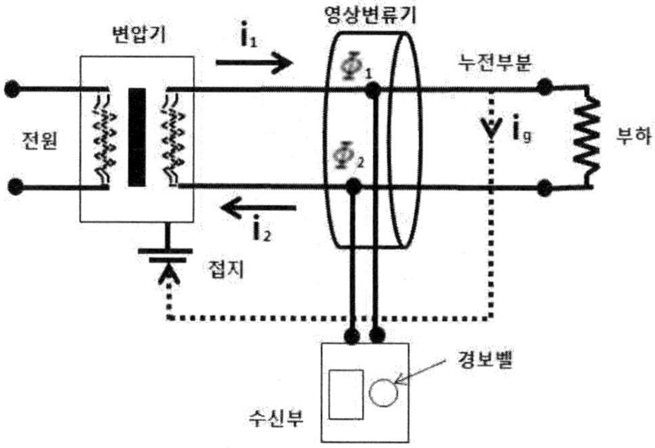

[그림 4-27] 누전변류기 작동원리

누전차단기의 작동원리는 누설전류가 없는 경우에는 [그림 4-27]과 같이 회로에 흐르는 왕로전류 I_1과 귀로전류 i2는 같고 왕로 전류 I_1에 의한 자속ϕ_1과 귀로전류 I_2에 의한 자속ϕ_2는 $\phi_1 = \phi_2$가 되어 자속은 서로 상쇄된다.

누전이 발생하여 누설전류 I_g가 흐르면 왕로전류는 i_1이 되고, 귀로전류는 왕로전류 i_1보다 작은 $i_1 - i_g$가 되어 누설전류 i_g에 의한 자속의 차가 생기게 되어 변류기에 유기전압을 유도시킨다. 누설전류(i_g)에 의해 발생된 자속의 유기전압은 다음과 같다.

$$E = 4.44 f n \Phi_g \times 10^{-8} [\mathrm{V}]$$

f : 주파수
n : 2차권선수
Φ_g : 누설전류자속

변류기에서 발생된 유기전압이 수신부에 전달되어 경보를 발하여 누전의 발생을 알린다. 3상전원에 연결된 3상부하의 경우에도 동일한 원리가 적용된다.

누전변류기 주요 구성요소로는 누설전류를 검출하는 영상변류기와 그 전류를 수신하여 선로차단과 동시에 음향장치에 신호를 발생하는 수신부와 음향장치 등으로 구성되어 있다.

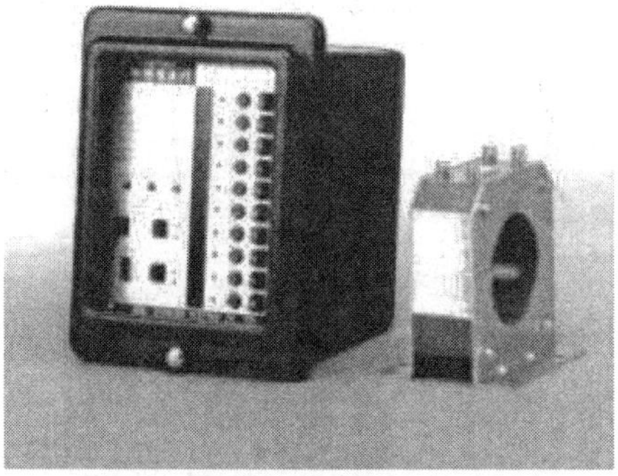

[그림 4-28] 수신부와 영상변류기

(1) 영상변류기

영상변류기는 누설전류를 검출하는 장치로 변류기 내부를 통과하는 왕로전류 (i_1)와 귀로 전류(i_2)가 동일하지 않을 때 유기전압이 발생된다.

(2) 수신기

변류기로부터 누설전류에 의한 전압을 수신하며 변류기 입력신호를 증폭시켜 릴레이를 동작시키고 음향장치를 동작시켜주는 기기로서 1개의 변류기를 연결하는 단독형과 여러 개를 연결시킬 수 있는 집합형이 있다. 집합형 누전경보기 수신부는 2개 이상의 변류기를 연결시켜 사용하는 수신기로서 하나의 전원장치 및 음향장치 등으로 구성된 것을 말한다. 수신기의 회로수는 5~10회로인 것을 주로 사용한다.

(3) 음향장치

수신기 내부에 음향장치가 있어 공칭전압을 수신기가 수신시 증폭시켜 음향을 발하는 것과 수신부와 음향장치가 따로 분리되어 있는 것이 있다. 음향장치는 사용전압의 80[%]에서 정상적으로 경보음을 발할 수 있어야 하고, 음량은 1[m] 떨어진 곳에서 70[dB] 이상이어야 한다.

(4) 차단 릴레이

누설전류가 흐를때 릴레이를 동작시켜 전원을 차단시킨다.

(5) 감도조절 스위치

수신기가 경보음을 발하여야 하는 누설전류의 양을 조절하는 스위치로 선택범위는 200[mA], 500[mA], 1000[mA]가 있다.

(6) 도통시험 스위치

수신기와 변류기 사이의 배선에 대한 단선 유무확인과 동작시험을 하는 스위치이다. 눌렀을 때 작동표시등, 도통표시등, 경보음이 울린다.

(7) 복구/자동복구 스위치

자동화재탐지설비 수신기의 복구 스위치와 동일한 역할을 한다.

06 가스누설경보기

가스누설경보기는 가연성가스(LNG·LPG 등) 또는 불완전 연소가스가 누설되는 것을 탐지하여 관계자나 이용자에게 경보하여 가스누출로 인한 폭발사고 예방 및 독성가스로 인한 중독사고를 예방하기 위한 설비이다.

6.1 가스누설경보기 설치대상

가스를 사용하는 아래의 다중 이용시설에는 가스누설경보기 설치를 의무화한다(위반시 과태료 200만 원).

- 숙박시설, 노유자시설, 판매시설 및 영업시설
- 교육연구시설 중 청소년시설, 의료시설, 문화집회 및 운동시설

6.2 가스누설경보기의 종류

(1) 가스누설경보기 구분

- 용도별
  - 가정용(단독형)
  - 영업용(분리형, 1회로)
  - 공업용(분리형, 1회로 이상)
- 구조별
  - 단독형
  - 분리형

단독형이란 주로 가정용에서 사용되는 기기로 탐지부와 수신부가 일체화된 기기에서 누설된 가스를 탐지하고 경고음을 발생한다. 그림과 같이 탐지부, 경보부, 전원부가 일체화된 것으로 가스 발생장소에 간편하게 설치되지만 대형 저장소나 소음이 많은 곳에는 설치가 부적합하다.

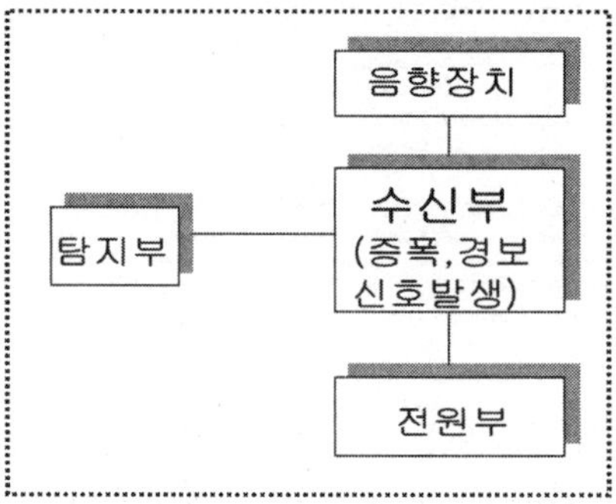

[그림 4-29] 단독형 가스누설경보기

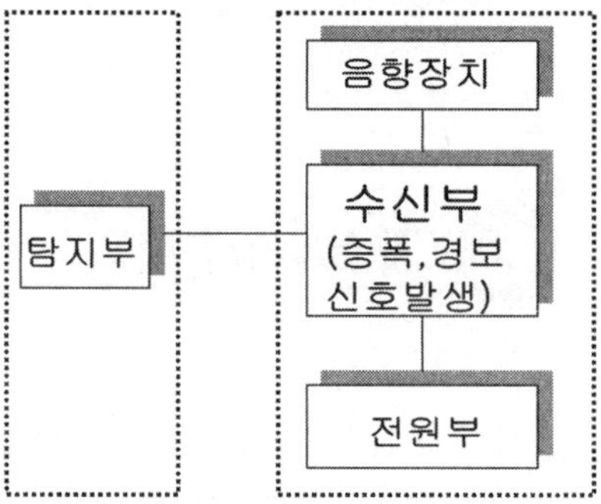

[그림 4-30] 분리형 가스누설경보기

분리형 가스경보기는 탐지부와 경보부가 분리되어 있어 탐지부를 가스저장실 등 원거리에 설치하고 경보부는 사람이 항상 상주하는 장소에 설치한다. 주로 차량충전소나 가스중앙공급실 등의 충전실 내부나 배관설비가 있는 장소에 설치되며, 탐지부는 방폭형으로 되어 있는 것도 있다.

수신부와 배출기를 연동시켜 일정 농도 이상의 가스 검출시 환풍기가 자동적으로 동작되도록 하는 방법도 있다. 그 외에도 휴대용 가스 누설경보기는 가수 누설 우려부분에 휴대용 감지소자를 접촉하여 누설시 계측기 바늘이 누설농도를 표시하는 기기이다.

6.3 가스누설경보기 구성

- 수신기 : G형 수신기, GP형 수신기, GR형 수신기
- 탐지부 : 반도체식, 접촉연소식, 기체 열전도식
- 경보장치 : 음성경보장치, 가스누설표시등, 탐지구역 경보장치

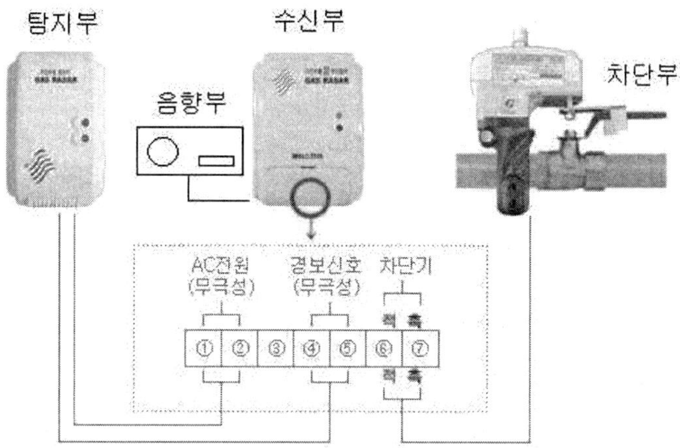

[그림 4-31] 가스경보기 구성

07 유도등 및 유도표지

피난유도설비는 화재발생시 시야를 확보하기 위한 피난구유도등, 통로유도등, 객석유도등과 같은 조명기구와 유도표지가 있다. 유도등은 정상상태에서는 상용전원에 의해 점등되고 정전시에는 비상전원으로 자동 절환되어 점등되는 구조이어야 하며, 비상전원 용량은 20분 이상 확보되어야 한다.

7.1 유도등 설치대상

피난구유도등·통로유도등 및 유도표지는 소방시설설치유지관리법 별표 2의 특정소방대상물(지하구 및 지하가 중 터널을 제외한다)에 설치하고 객석유도등은 유

흥주점영업(유흥주점영업 중 손님이 춤을 출 수 있는 무대가 설치된 카바레, 나이트클럽 등)과 문화집회 및 운동시설에 설치하여야한다.

소방설비 설치기준에 따라서 피난유도등 설비를 분류하면 다음과 같다.

- 유도등
  - 피난구유도등
  - 통로유도등
    - 거실통로유도등
    - 복도통로유도등
    - 계단통로유도등
  - 객석유도등
- 유도표지
- 비상조명등

표 4-5 유도등 및 유도표지 설치기준

설 치 장 소	유도등 및 유도표지의 종류
가. 공연장 · 집회장 · 관람장 · 운동시설	• 대형피난구유도등 • 통로유도등 • 객석유도등
나. 위락시설 · 판매시설 및 영업시설 · 관광숙박시설 · 의료시설 · 통신촬영시설 · 전시장 · 지하상가 · 지하철역사	• 대형피난유도등 • 통로유도등
다. 일반숙박시설 · 오피스텔 또는 가목 및 나목외의 지하층 · 무창층 및 11층 이상의 부분	• 중형피난구유도등 • 통로유도등
라. 근린생활시설 · 노유자시설 · 업무시설 · 종교집회장 · 교육연구시설 · 공장 · 창고시설 · 교정시설 · 기숙사 · 자동차정비공장 · 자동차운전학원 및 정비학원 · 가목 내지 다목외의 다중이용업소	• 소형피난유도등 • 통로유도등
마. 그밖의 것	• 피난구유도표지 • 통로유도표지

비고 : 소방서장은 소방대상물의 위치 · 구조 및 설비의 상황을 판단하여 대형피난구유도등을 설치하여야 할 장소에 중형피난구유도등 또는 소형피난구유도등을, 중형피난구유도등을 설치하여야 할 장소에 소형피난구유도등을 설치하게 할 수 있다.

7.2 유도등 및 유도표지의 종류

소방대상물의 용도별로 설치하여야 할 유도등 및 유도표지는 〈표 4-5〉에 따라 적절한 종류의 것을 선택하여 설치하여야 하며, 외형은 그림과 같다.

피난구유도등

통로유도등

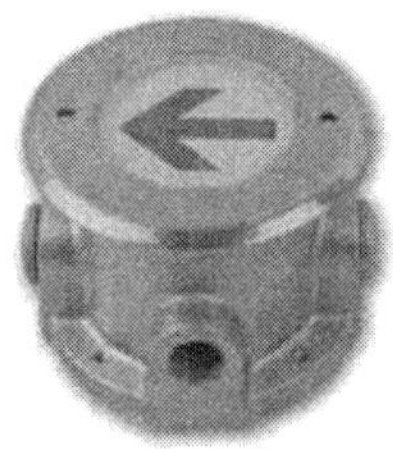

객석유도등

피난구유도표지

통로유도표지

[그림 4-32] 유도등 및 유도표지

7.3 유도등 배선

(1) 2선식 유도등 배선

2선식 유도등은 유도등에 2선이 인입되는 방식으로 형광등과 축전지에 동시에 전원이 공급된다. 그러므로 평상시에도 형광등이 점등되어 있다.

(2) 3선식 유도등 배선

3선식 유도등은 형광등에 공급되는 전원의 선로와 축전지에 공급되는 전원의 분리하여 구성하는 방식으로 평상시에는 형광등에는 전원이 공급되고 있지 않고 일정한 경우에만 전원의 공급되는 방식으로 되어 있다. 그래서 3선식 유도등은 평상시에는 점등되어 있지 않는다.

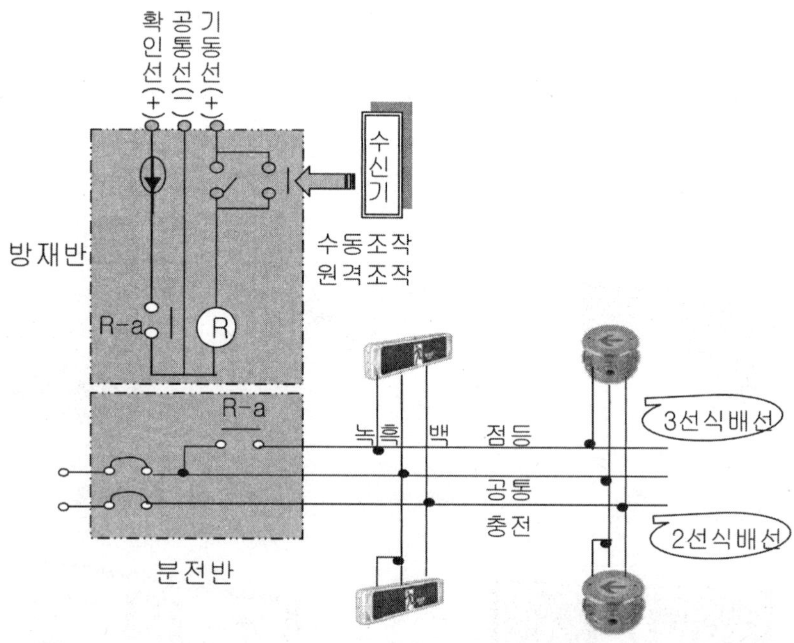

[그림 4-33] 유도등 2선식 배선과 3선식 배선

[그림 4-34]는 수신기와 유도등과의 연동동작 회로이다.

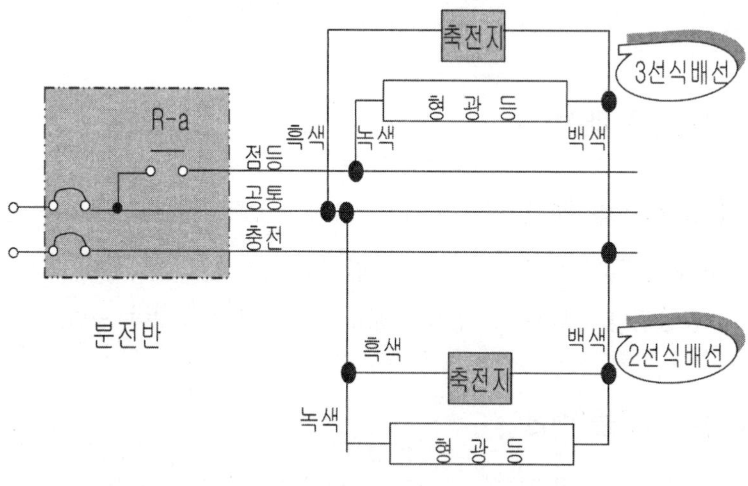

[그림 4-34] 유도등과의 수신기 연동

표 4-6 2선식 배선과 3선식 배선

2선식 배선	3선식 배선
① 소등을 하면 예비전원으로 자동충전이 안 되므로 유도등으로의 기능을 상실한다. ② 정전이 되어 교류전압에 의한 전원공급이 안 되면 20분 이상 점등된 후 꺼진다.	① 점멸기에 의해 소등을 하면 유도등은 꺼지나 예비전원에 충전은 계속되고 있는 상태가 됨. ② 정전 또는 단선이 되어 교류전압에 의한 전원공급이 안 되면 자동적으로 예비전원으로 절환되어 20분 이상 점등됨.

08 비상조명등

비상조명등이란 화재시 정전이 발생된 경우에도 원할한 피난활동을 할 수 있도록 거실이나 피난통로에 설치하여 최소시간의 시야를 확보하기 위한 조명장치이다. 정상상태에서는 상용전원에 의해 점등되나 상용전원 차단시 자동으로 예비전원으로 절환되어 바닥면의 조도를 1[lx] 이상으로 20분 이상 조명을 확보할 수 있어야 한다.

8.1 비상조명등 설치대상

① 지하층을 포함하는 층수가 5층 이상인 건축물로서 연면적 3000[㎡] 이상인 것

② ①목에 해당하지 아니하는 특정소방대상물로서 그 지하층 또는 무창층의 바닥면적이 450[㎡] 이상인 경우에는 그 지하층 또는 무창층

③ 지하가 중 터널로서 그 길이가 500[m] 이상인 것

8.2 비상조명등 설치방법

- 소방대상물의 각 거실과 지상에 이르는 복도·계단 및 그밖의 통로에 설치할 것
- 조도는 비상조명등이 설치된 장소의 각 부분의 바닥에서 1[lx](지하상가는 10[lx] 이상이 되도록 할 것).
- 예비전원을 내장하는 비상조명등에는 평상시 점등여부를 확인할 수 있는 점

검 스위치를 설치하고 당해 조명등을 유효하게 작동시킬 수 있는 용량의 축전지와 예비전원 충전장치를 내장할 것.

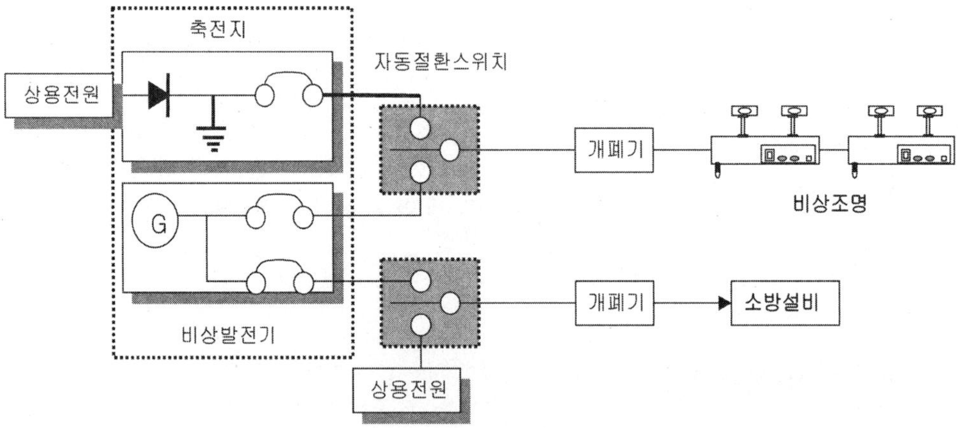

[그림 4-35] 비상조명등 전원계통

09 비상콘센트설비

건물 내에 설치된 일반 전력배선은 화재에 대한 피해대책이 충분하지 않아 화재시 연소되어 전력공급이 차단될 우려가 많다. 전력공급 차단시 소방대의 소화활동 장비에 전원을 공급하기 위해서는 소방용 발전차를 사용해야 하는데 고층건물이나 지하층은 소방발전차로 전원을 공급하기가 불가능하다.

그러므로 일정 규모 이상의 건물에 화재발생시 소화활동에 필요한 비상조명이나 비상동력 전원을 전용으로 공급받을 수 있는 설비를 설치하도록 하고 있는데 이를 비상콘센트라고 한다.

이 설비는 일반전원이 차단되어도 비상콘센트에 전원이 확보될 수 있도록 전원에서 비상콘센트까지는 전용배선으로 하고 전선은 내화배선과 내열배선으로 설치한다.

9.1 비상콘센트 설치대상

- 지하층을 포함하는 층수가 11층 이상인 경우에는 11층 이상의 층

- 지하층의 층수가 3개층 이상이고 지하층의 바닥면적의 합계가 1000[㎡] 이상인 것은 지하층의 전층
- 지하가 중 터널로서 길이가 500[m] 이상인 것

9.2 비상콘센트 구성

비상콘센트설비는 비상전원, 전용배선(내화배선), 콘센트, 보호함, 분기개폐기, 표시등으로 구성되어 있다.

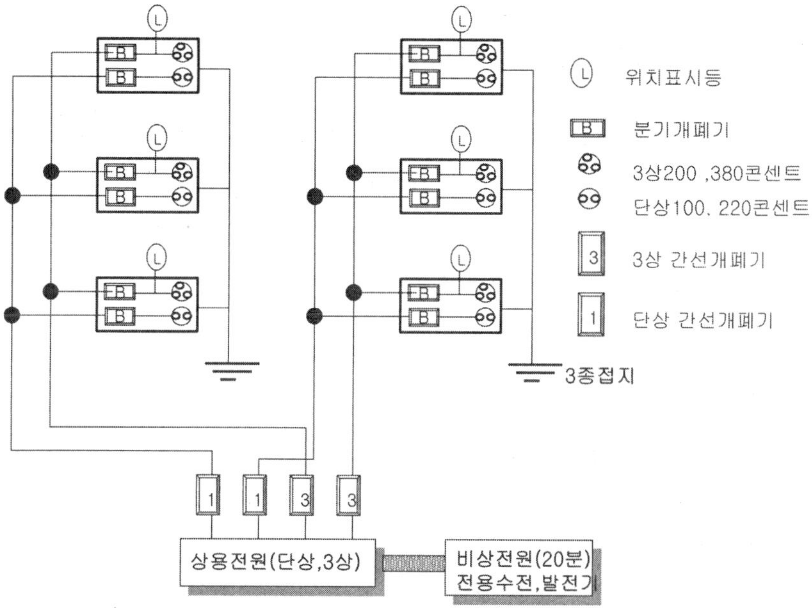

[그림 4-36] 비상콘센트 구성

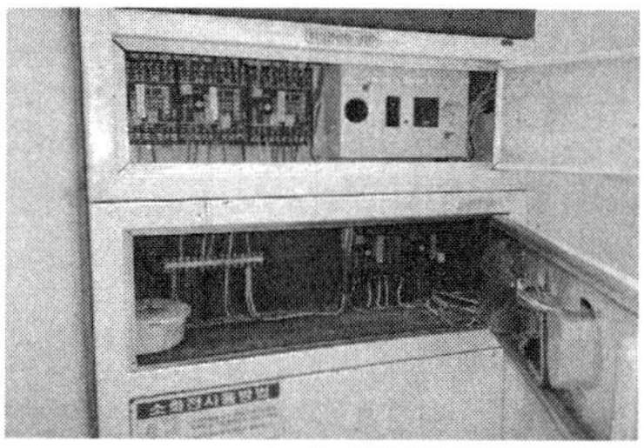

[그림 4-37] 소화전함 내부 콘센트 설치

10 무선통신보조설비

지하층이나 지하상가 등은 건축구조상 전파의 차폐로 반송특성이 저하되어 화재시 무선통신기기를 사용하여 지상의 소방대원과 교신할 경우 지상과 전파 전달이 어렵다. 따라서 지하층과 지상과의 원할한 무선교신을 위하여 누설동축케이블이나 안테나를 설치하여 무선호출기 · 방송수신 · 소방무선 등을 할 수 있도록 한 설비를 무선통신보조설비라 한다.

10.1 무선통신보조설비 설치대상

- 지하가(터널을 제외한다)로서 연면적 1000[㎡] 이상인 것
- 지하층의 바닥면적의 합계가 3000[㎡] 이상인 것 또는 지하층의 층수가 3개층 이상이고 지하층의 바닥면적의 합계가 1000[㎡] 이상인 것은 지하층의 전층
- 지하가 중 터널로서 길이가 500[m] 이상인 것
- 지하구로서 규정에 의한 공동구

【설치 제외】

① 지하층으로서 소방대상물의 바닥부분 2면 이상이 지표면과 동일하거나 지표면으로부터의 깊이가 1[m] 이하인 경우에는 해당층에 한하여 무선통신보조설비를 설치하지 아니할 수 있다.

② 이동통신 구내선로 설비등을 행정자치부령에 정하는 기준에 적합하게 설치한 경우에는 무선통신보조설비를 설치하지 아니할 수 있다.

실습 1 열감지기 시험기 동작

1. 목 적

열감지기 동작상태를 알아보기 위해 열감지기 시험기(Model SL-H-119)를 이용하여 감지기를 가열하는 경우 감지기가 정상적으로 동작하는지 확인한다.

2. 실습과제

(1) 차동식 스포트형 감지기와 보상식 스포트형 감지기에 백금휴대용 가열시험기(화구가 2개 이내 또는 적외선 전구 250[w] 이하)를 가지고 감지기를 가열하여 감지기가 작동하기까지 시간을 측정한다.

(2) 정온식 스포트형 감지기 및 열반도체 감지기에 있어서는 백금휴대용 가열시험기(화구가 3개 이내 또는 적외선 전구 500[w] 이하)를 가지고 감지기를 가열하여 감지기가 작동하기까지 시간을 측정한다.

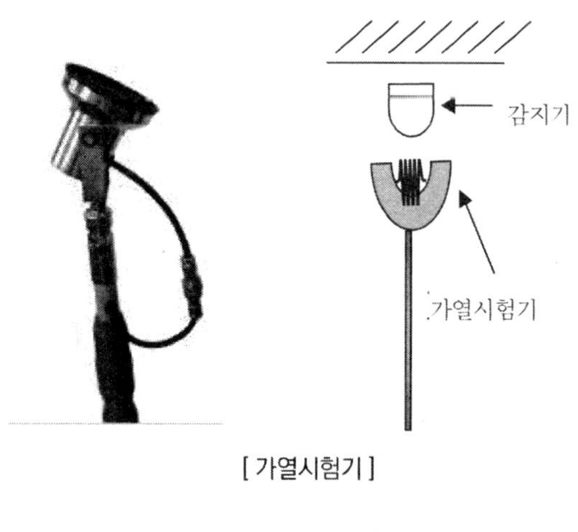

[가열시험기]

(3) 열감지기 연동시험 회로

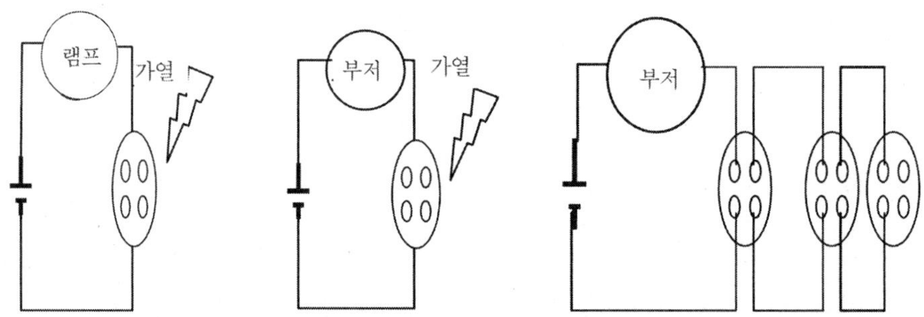

3. 준비물

DC 전원공급장치(DC24[V] 이상), 열감지기 시험세트, 각종 감지기(차동식, 정온식, 보상식), 부저(DC24[V]), 램프(DC24[V]), 리드선, 초시계, 릴레이(DC24[V])

4. 관련지식

(1) 감지기시험기 구조

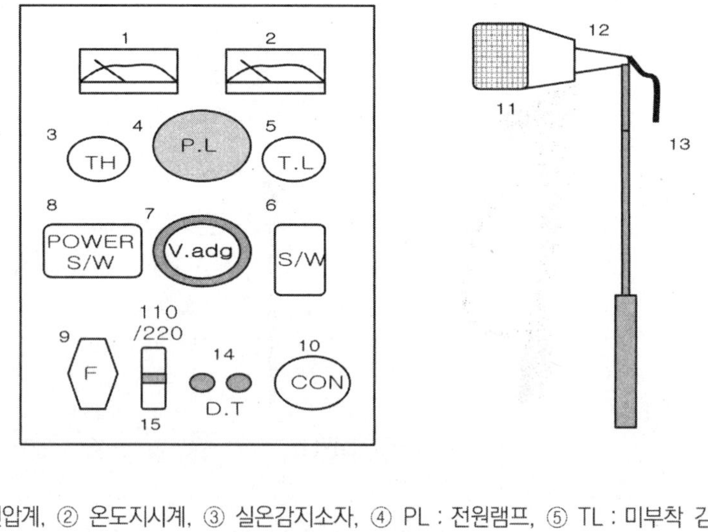

① 전압계, ② 온도지시계, ③ 실온감지소자, ④ PL : 전원램프, ⑤ TL : 미부착 감지기 동작램프
⑥ S/sit : 실온(T1)과 보조기(T2)의 온도 절환스위치, ⑦ Vadj : 온도조정 저항
⑧ P sw : 전원 스위치, ⑨ 퓨즈, ⑩ 가열기 커넥터, ⑪ TH : 보조기 온도감지소자, ⑫ 보조기
⑬ 접속 프러그와 전선, ⑭ DT 단자 : 미부착 감지기 단자, ⑮ 110[V]/220[V] 절환스위치

(2) 감지기별 동작특성

다음 표는 열감지기의 동작특성을 나타낸다.

형식	종별	가열온도	작동시간	주의사항
차동식	1종	실온+20°C	30초 이내	동작시간표에 표시된 수치 이상의 고열을 가열하면 다이아프램이 손상될 우려가 있음
	2종	실온+30°C	30초 이내	
	3종	실온+45°C	60초 이내	
보상식	1종	실온+25°C	30초 이내	
	2종	실온+40°C	30초 이내	
	3동	실온+60°C	60초 이내	
정온식	1종	공칭 작동온도+15°C	120초 이내	
	2종	공칭 작동온도+15°C	120-480초 이내	
	3종	공칭 작동온도+15°C	480-720초 이내	

※ 주 1 : 동작시간에 표시된 수치 이상의 고열로 급격히 가열하면 감지기가 손상될 우려가 있음.
※ 주 2 : 정온식 스포트형 감지기에 관해서는 주위온도와 기준작동 온도의 차가 50℃를 넘는 경우에는 작동시간을 2배로 할 것.
※ 주 3 : 알코올 램프 등으로 급격히 가열하면 다이아프램을 손상시킬 우려가 있으므로 사용하지 말 것.

5. 실습순서

(1) 감지기 동작시간 측정

① 110[V]/220[V] 스위치를 현장의 전압과 일치시킨다
② 가열시험기를 CON⑩에 접속시킨다.
③ 전원코드를 연결한 후 P sw⑧을 on시킨다. 이때 램프 ④가 점등되는지 확인한다.
④ sw ⑥을 T1으로 놓고 실온을 측정한 후 T2로 올리고 가열시험기의 온도가 필요한 온도에 이르도록 Vadj ⑦을 조절한다.
⑤ 일정 온도가 지시되면 가열시험기로 감지기를 가열한 후 동작시간을 측정한다.
⑥ 미부착 감지기는 DT 단자 ⑭에 연결하여 ④와 같은 방법으로 측정하면 동작시 TL ⑤ 램프가 점등된다.

(2) 열감지기 실습순서

① DC전원과 부저, 감지기를 직렬로 연결한다

② 감지기에 열을 인가하고 일정시간 경과 후 감지기가 동작되면서 부저가 동작되는가를 관찰한다.

③ ②항과 마찬가지로 부저 대신 램프를 연결하고 감지기 동작시 램프가 점등되는지를 확인한다.

④ 감지기 3개를 송배선식으로 결선하고, 각각의 감지기가 동작시 부저와 램프가 동작하는지를 관찰한다.

6. 실험내용 및 결과

① 감지기의 동작시간이 주어진 표의 시간과 일치하는가?

② 감지기의 동작시간이 기준표와 차이가 나는 이유는 무엇인가?

③ 열감지의 종류와 특성에 대하여 하시오.

④ 열감지기를 2개 연결할 때 어떤 방식으로 연결하는가?

실습 2 연기감지기 시험기 동작

1. 목 적

연기감지기 동작상태를 알아보기 위해 연기감지기 시험기(Model SL-H-119)를 이용하여 기기를 가열한 경우 감지기가 정상적으로 동작하는지 확인한다.

2. 실습과제

(1) 이온화식 연기감지기 또는 광전식 연기감지기를 준비하고 가연시험기 내의 도화선의 불(용접용 소용돌이 무늬식 모기향) 2개 이내로 감지기를 가연하여 감지기가 작동하기까지의 시간을 측정한다.

[가연 시험기]

(2) 연기감지기 연동시험 회로

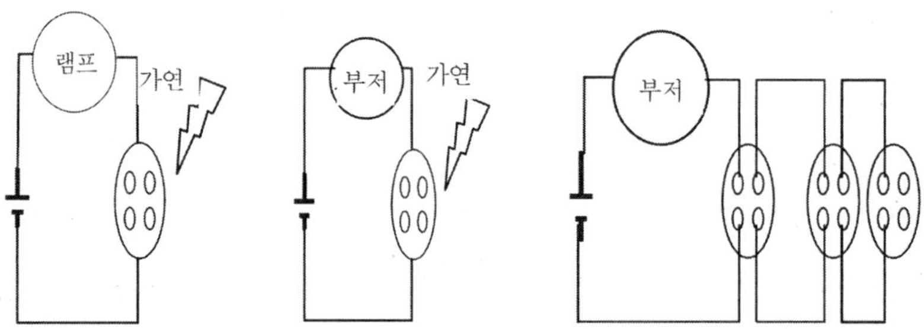

3. 준비물

DC 전원공급장치(DC24[V] 이상), 연기감지기 시험세트, 각종 감지기(이온화식, 광전식 연기감지기), 부저(DC24[V]), 램프(DC24[V]), 리드선, 초시계, 멀티테스터, 릴레이(DC24[V])

4. 관련지식

(1) 연기감지기 시험기 구조

그림은 연기감지기 시험기의 구조이며, 각 부분의 명칭 및 용도는 다음과 같다.

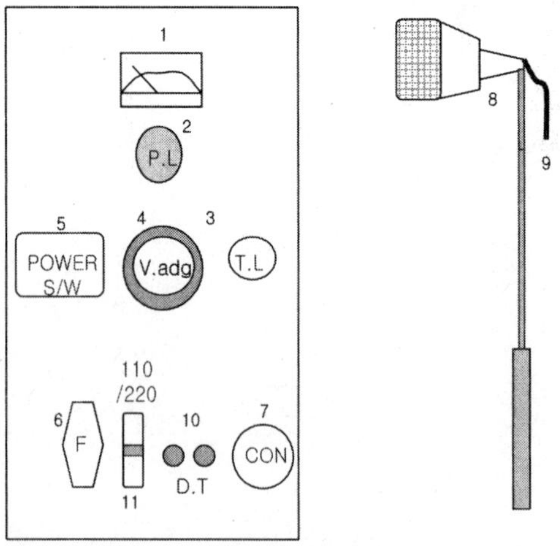

① 전압계, ② 전원램프(PL), ③ 미부착 감지기 동작램프(TL), ④ Vadj : 온도조정 저항,
⑤ Power sw : 전원스위치, ⑥ 퓨즈, ⑦ 가연시험기 연결단자, ⑧ 가연시험기,
⑨ 접속 프로그와 전선, ⑩ DT 단자 : 미부착 감지기 단자, ⑪ 110[V]/220[V] 절환스위치

(2) 연기감지기별 동작특성

다음 표는 연기감지기의 동작특성을 나타낸다.

종별(농도) \ 형식	비축적형		축적형	
	이온화식	광전식	이온화식	광전식
1종	30초	30초	60초	60초
2종	60초	60초	90초	90초
3종	60초	60초	90초	90초

5. 실습순서

(1) 감지기 동작시간 측정

① 절환스위치 110[V]/220[V]를 현장의 전압과 일치시킨다.

② 가연시험기를 기기의 연결단자에 삽입한다.

③ 전원에 코드를 연결한 후 P sw를 on한다. 이때 전압계와 PL램프가 점등되었는지 확인한다.

④ 볼륨저항으로 히터의 강약을 조절한다.

⑤ 가연시험기로 시험할 때는 시험하고자 하는 감지기의 규격에 맞도록 시험기를 가열하고 발연재료(향)를 규정치 만큼 넣는다. 연기농도(향 1개피 : 5[%] 향 2개피 : 10[10%] 향 3개피 : 20[%])

⑥ DT단자는 미부착 감지기를 연결하여 ④⑤번과 같은 방법으로 측정하면 동작시 TL램프가 점등된다.

(2) 연기감지기 연동시험

① DC전원과 부저 · 감지기를 직렬로 연결한다.

② 감지기에 연기를 인가하고 일정시간 경과 후 감지기가 동작되면서 부저가 동작되는가를 관찰한다.

③ ②항과 마찬가지로 부저 대신 램프를 연결하고 감지기 동작시 램프가 점등되는지를 확인한다.

④ 감지기 3개를 송배선식으로 결선하고, 각각의 감지기가 동작시 부저와 램프가 동작하는지를 관찰한다.

6. 실험내용 및 결과

① 연기감지기의 동작시간이 주어진 표의 시간과 일치하는가?

② 연기감지기의 동작시간이 기준동작 시간표와 차이가 있는 이유는 무엇인가?

③ 열감지기와 연기감지기의 동작시간은 어떤 차이가 나는가?

④ 연기감지기의 종류와 특성에 대하여 하시오.

⑤ 연기감지기를 2개 연결할 때 어떤 방식으로 연결하는가?

실습 3 감지기 송배선 결선

1. 목 적

수신기에서 감지기, 발신기, 종단저항간의 결선방식을 익히고 도통시험을 수행한다.

2. 실습과제

(1) 송배선방식

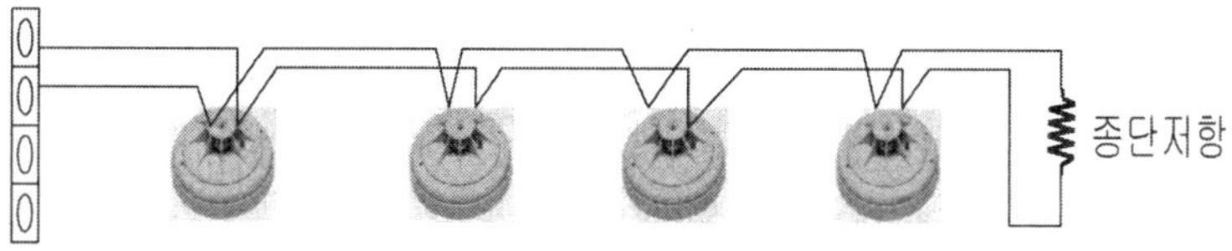

(2) 병렬배선방식

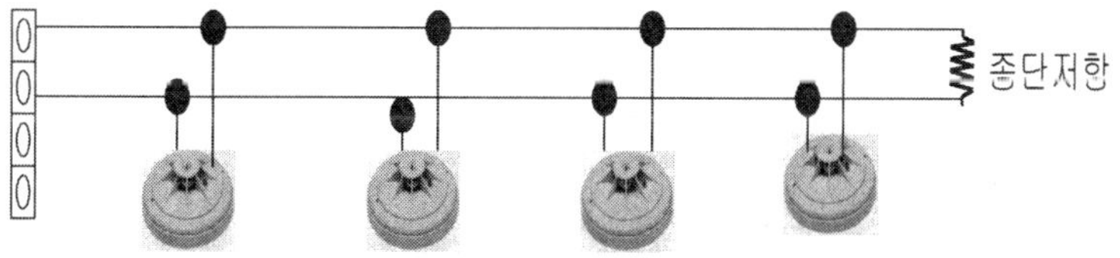

3. 준비물

전원공급장치(DC 24[V] 이상), 감지기(열 · 연기감지기), 종단저항, 절연저항계, 멀티 테스터, 리드선, 단자대

4. 관련지식

감지기 송배선 방식은 수신반에서 감지기 회로 도통시험을 행하는 경우 회로선의 단선 유무를 수신기에서 용이하게 점검할 수 있도록 하는 배선이다. 만일 감지기 회로를 병렬로 배선한다면 수신기에서는 감지기 회로가 단선되어도(또는 누락되어도) 알 수가 없으며, 감지기 회로 도통시험도 불가능하다. 그러므로 감지기를 병렬로 배선한다면 감지기가 불량이거나 회로배선과 감지기가 단선되어도 회로 도통시험시 모든 감지기는 정상으로 표시된다.

그러므로 감지기-감지기, 감지기-수신기 사이의 회로의 배선은 송배전식으로 다음 결선에 의한다.

【송배선식 배선】

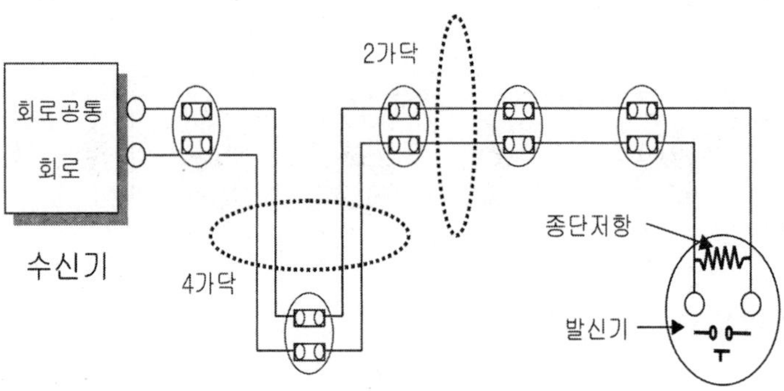

(a) 종단저항을 말단에 설치하는 경우

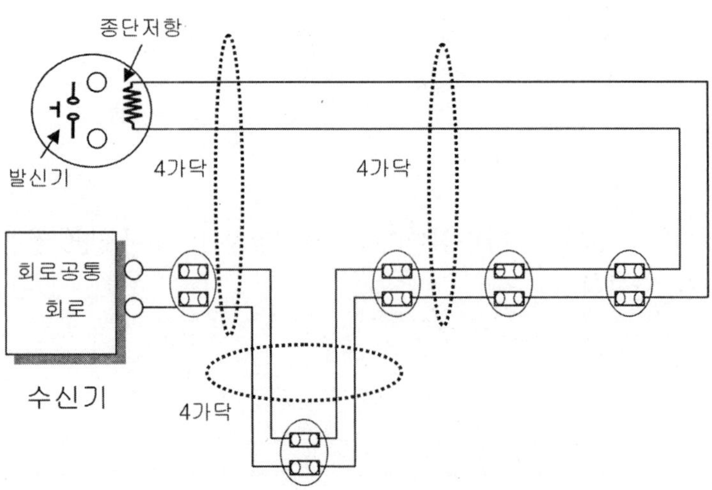

(b) 종단저항을 수신기에 설치하는 경우

5. 실습방법

(1) 감지기3개를 송배선식으로 결선하고 말단에 종단저항을 연결한다. 종단저항은 감지기 말단이나 감지기가 돌아온 단자대에 설치한다.

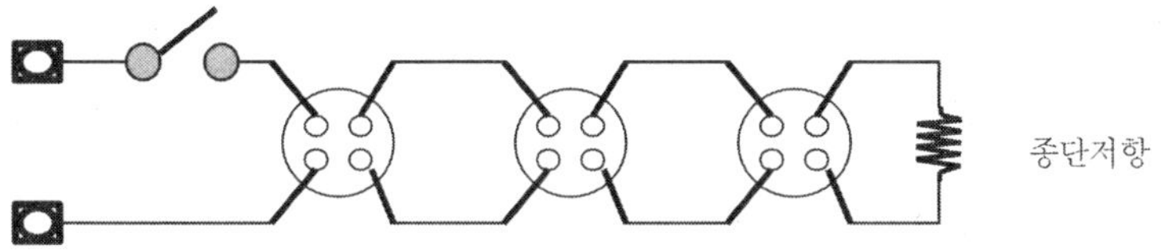

(2) 감지기 뒤면의 4개 단자를 모두 이용하여야 한다.

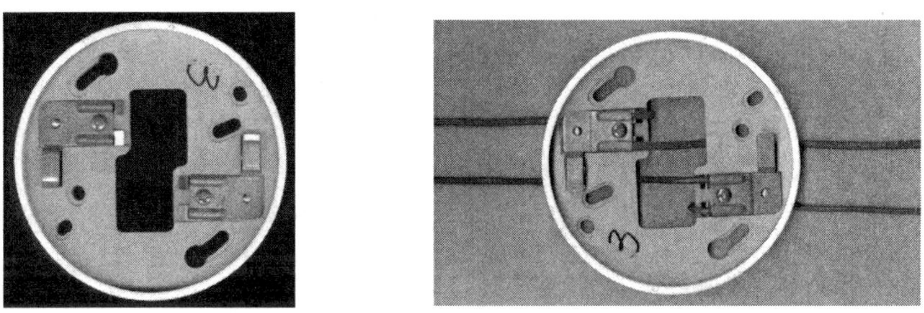

(3) 결선완료 후 아래와 같이 결선되어야 한다.

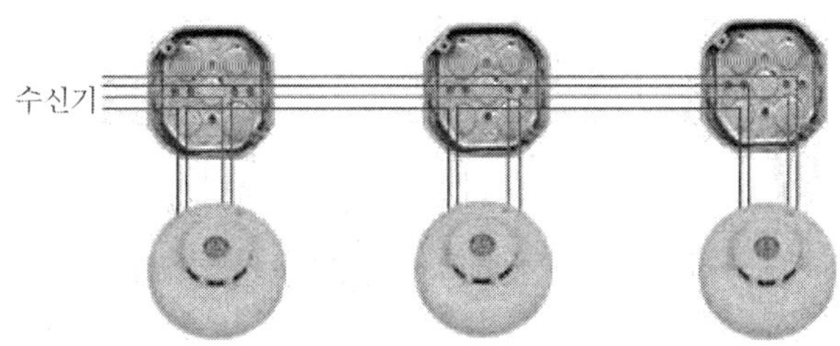

(4) 감지기 3개를 아랴와 같이 병렬배선방식으로 결선한다.

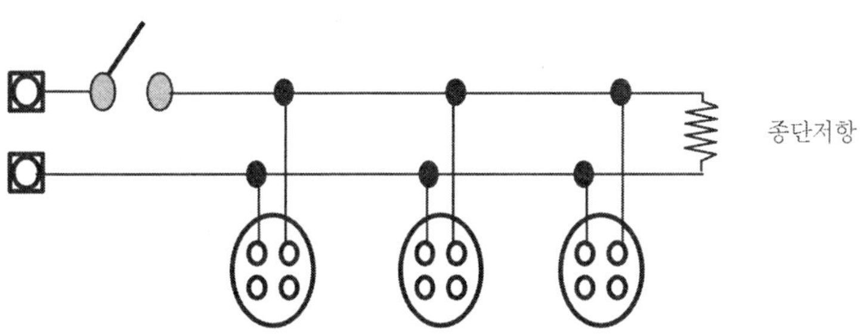

6. 실습결과

① 송배선 방식이란 무엇인가?

② 송배선 방식과 병렬 연결방식의 다른 점은 무엇인가?

③ 종단저항의 역할은 무엇인가?

④ 감지기5개를 결선하고 추후에 1개를 추가시공 하는 배선은 아래와 같다.

■ 5개 감지기 결선

※ 수신기와 감지기 결선

① 5개 감지기를 결선한 경우

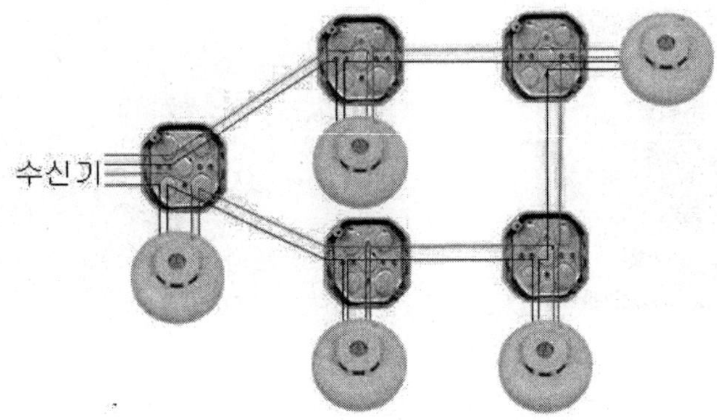

■1개 감지기 추가 결선

② 5개 감지기에 1개를 추가하는 경우

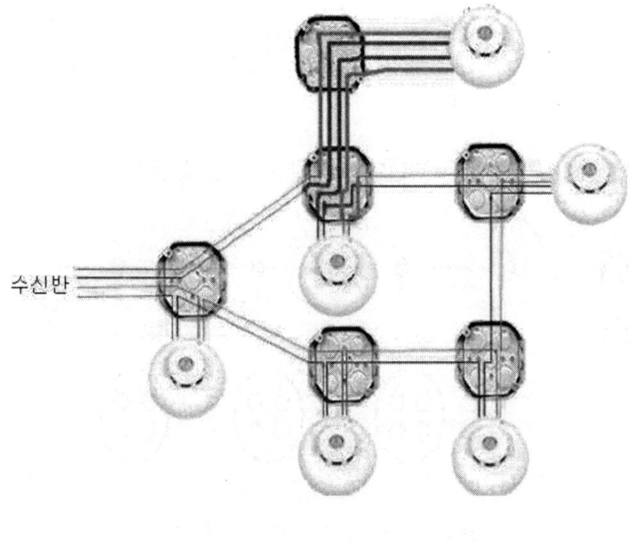

실습 4 발신기, 감지기 동작회로

1. 목 적

자동화재탐지설비를 구성하는 발신기 및 감지기 동작시 릴레이를 통하여 경종과 표시등이 점등되는 회로를 구성한다.

2. 실습과제

3개의 감지기와 1개의 발신기가 있는 경우 어느 1개의 동작에 의해서도 경종과 표시등이 점등되는 회로를 구성한다.

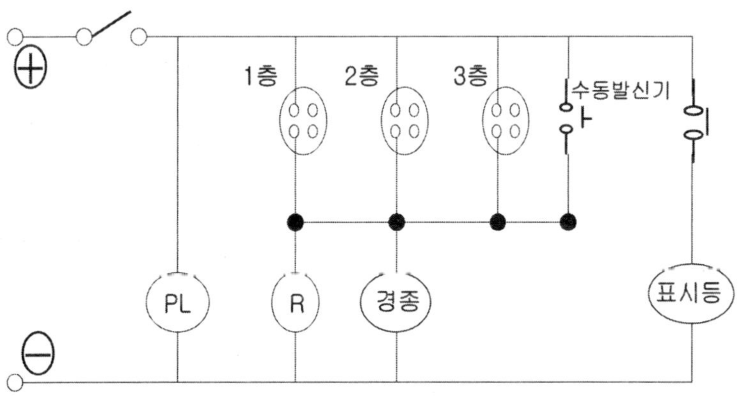

[발신기, 감지기 동작회로]

3. 준비물

전원공급장치(DC24[V] 이상), PB sw, 릴레이(DC24[V]), 표시등, 경종, 멀티테스터, 리드선, 감지기 3개

4. 관련지식

평상시에는 회로의 종단에 저항이 설치되어 있어 적은 전류만 흐르는 상태에 있다. 그러나 회로에 일정치 이상의 전류가 흐르게 되면 계전기가 작동하여 화재표시등, 지구표시등, 경보장치 등과 연동되는 소방시설을 작동시킨다.

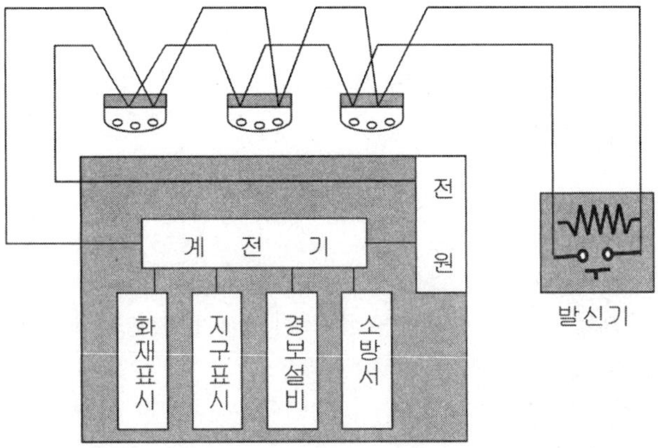

화재발생시 감지기가 동작하여 감지회로에 일정치 이상의 전류가 흘러 계전기가 동작된다. 또한 수동으로 발신기 누름스위치를 누르면 스위치가 닫혀 일정치 이상의 전류가 흘러 계전기가 동작된다.

5. 실습방법

① PB sw, 릴레이, 24[V]램프, 경종, 표시등, 감지기를 준비한다.
② 발신기와 감지기를 병렬로 연결하고 발신기나 감지기가 동작시 코일이 여자되도록 코일과 직렬로 연결한다.
③ 코일이 여자되면 코일의 a접점이 on되면서 경종과 표시등이 동작된다.
④ 상시전원을 감시하기 위하여 PL램프를 전원측에 설치한다.

6. 실습결과

① 감지기간의 연결은 무슨 방식인가?
② 감지기와 발신기간에 연결은 어떤 역할을 하는가?
③ PL램프가 소등되면 어떻게 되는가?

실습 5 적외선 감지기 센서동작

1. 목 적

적외선 센서, 광센서 등을 이해하고 센서 동작시 표시등과 부저가 동작되고 동시에 소화전 펌프가 연동되는 회로를 구성한다.

2. 실습과제

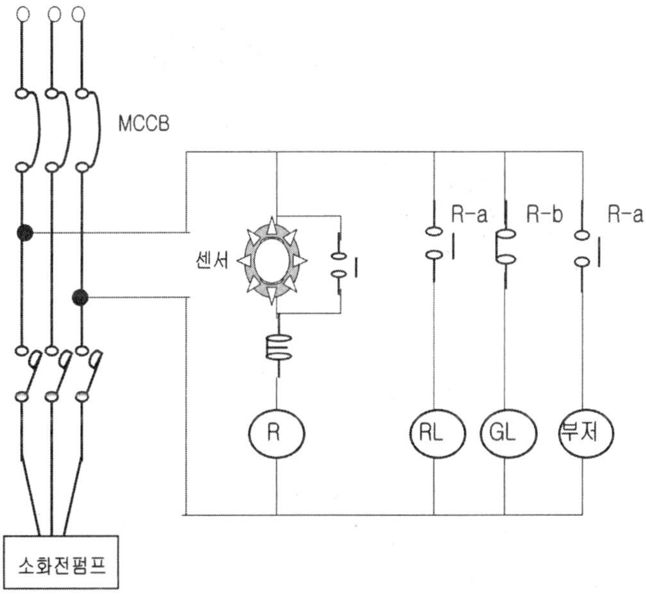

[적외선 감지기 센서동작]

3. 준비물

전원공급장치(24[V] 이상), 멀티테스터, 리드선, 적외선 센서(투과형, 물체반사형, 반사경반사형, 근접센서, 고주파 센서), 릴레이(DC24[V]), 표시등(적·녹), PB sw, 부저, 소형모터, 전자접촉기, MCCB

4. 관련지식

(1) 투과형

① 투광기와 수광기가 일직선으로 마주보게 설정하고 전원을 넣는다.

② 투광기나 수광기 중 어느 한쪽을 고정시키고 다른 한쪽을 상, 하, 좌, 우로 조정하여 동작표시등의 점등하는 범위를 확인하고 그 중앙위치에 설정한다.

③ 설정이 끝나면 검출물체를 광축부 위에 놓고 동작여부를 확인한다.

④ 검출물체가 반투명이거나 작은 물체인 경우에는 그대로 투과하여 검출하지 못하는 경우가 있다.

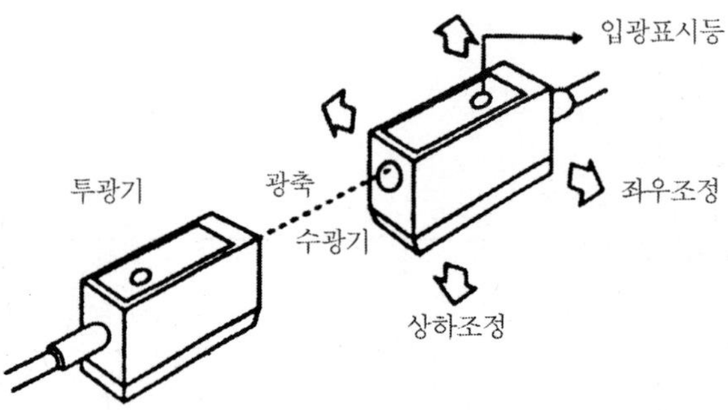

(2) 물체반사형

① 물체반사형 감지기는 최대거리 감지거리를 갖고 있으며, 검출물체가 없이 전방의 벽이나 기둥 등의 영향을 받을 수 있으므로 주의하여 조정한다.

② 감도를 무리하게 높였을 경우에는 오동작의 우려가 있다.

③ 검출물체를 놓은 상태에서 감도를 서서히 높여 표시등이 켜지는 위치를 A 점으로 한다.

④ 검출물체가 없는 상태에서 감도를 최대로부터 서서히 낮추어 표시등이 꺼지는 위치를 B점으로 한다.

⑤ A점과 B점의 중간점으로 감도조절부를 고정한다.

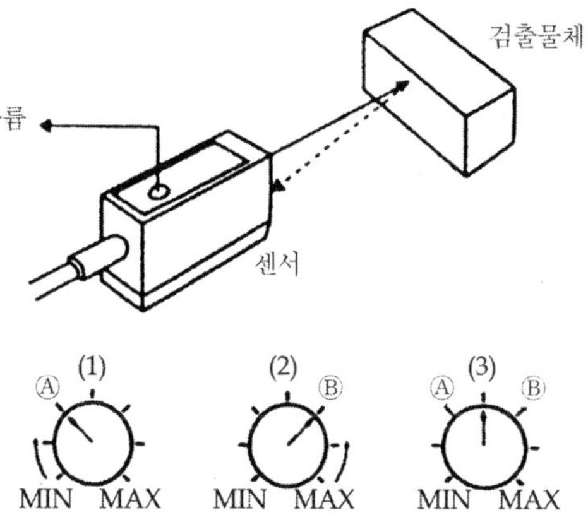

(3) 반사경반사형

① 센서와 반사경을 마주보게 설치하고 반사경의 위치를 상, 하, 좌, 우로 조정하여 동작표시등이 꺼지는 범위를 확인한 후 그 중앙에 설치한다.

② 감도조절 볼륨을 검출거리, 검출물체 등에 따라 가장 좋은 위치에 조정한다.

③ 여러 개의 센서를 설치하는 경우에는 30cm 이상 간격을 두고 설치한다.

④ 표면광택이 있는 검출물체의 경우에는 오동작을 피하기 위해 그림과 같이 검출물체의 이동방향에 대해서 30~40° 기울어지게 설치한다.

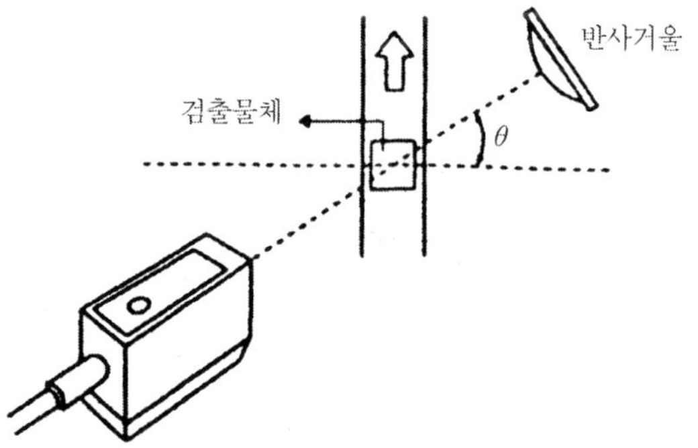

【모델별 특징】

검출방식	투과형	물체반사형	반사경반사형
설정거리	3m	200m	1m
전원전압	DC12[V]~24[V]	DC12[V]~24[V]	DC12[V]~24[V]
출력동작	차광 : on동작	입광 : on동작	차광 : on동작
응답시간	3[msec] 이하		
사용주위조도	20,000[lx] 이하		
동작표시	적색 LED		

5. 실습방법

① 아래 그림과 같이 감지기 동작이 코일이 여자될 수 있도록 구성한다.

(1) NPN 센서회로 동작

NPN 센서가 동작하면 출력단에 -신호가 출력되므로 출력단의 부하측 1개의 단자는 +단자에 연결되어야 여자 코일(부하)에 전원전압이 인가된다. 즉 센서 동작시 여자 코일에 정보를 전달하는 역할을 한다.

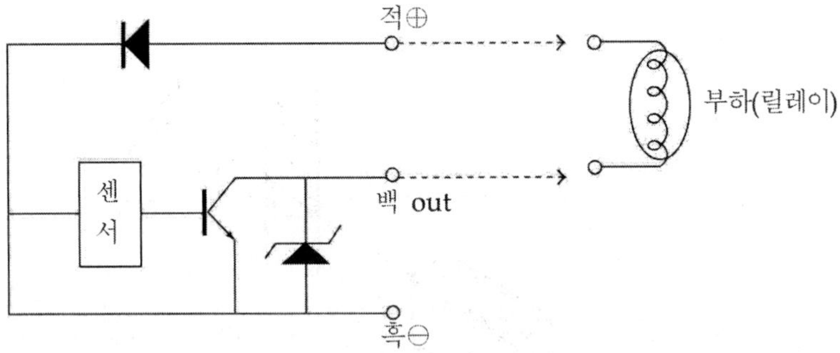

(2) PNP 센서회로 동작

PNP 센서가 동작하면 출력단에 +신호가 출력되므로 출력단의 부하측 1개의 단자는 -단자에 연결되어야 여자 코일(부하)에 전원전압이 인가된다. 즉 NPN 센서와 비교하여 out 단자의 여자 코일(부하측) 연결이 반대가 된다.

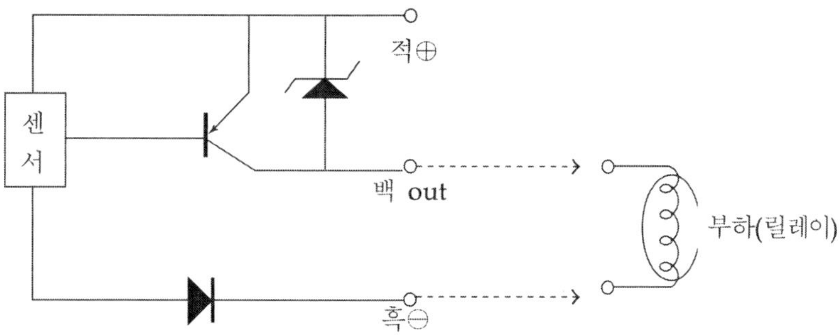

(3) 센서 동작시 릴레이 동작원리

- 센서를 동작시키기 위해서는 별도의 전원이 센서에 공급되어야 한다.
- 릴레이 코일에는 평상시(센서 비동작) 전원공급이 안 되므로 릴레이 접점은 b접점을 유지하고 있다.
- 센서가 동작되면 ①→②로 내부회로가 변환되면서 릴레이 코일에는 24[V] 전원이 공급되어 릴레이 접점은 a접점으로 동작된다.

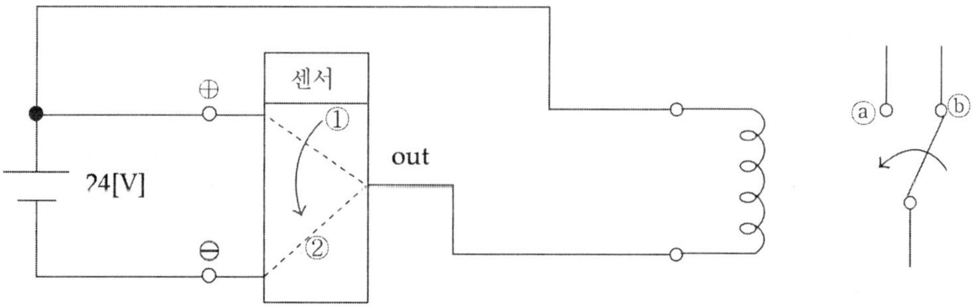

(4) 센서를 PLC 입력단자에 연결하는 경우

- 센서 혹은 PB 스위치가 on되었을 때 COM 단자와 %IX0.0.0 단자 사이의 전압을 측정하면 24[V] 전압이 인가됨을 알 수 있다.
- 센서를 동작시키기 위해서는 별도의 전원이 공급되어야 한다.
- 센서를 PLC 기기에 연결하는 경우 센서의 out 단자를 PLC 입력단자에 연결함으로써 모든 연결은 완료된다.

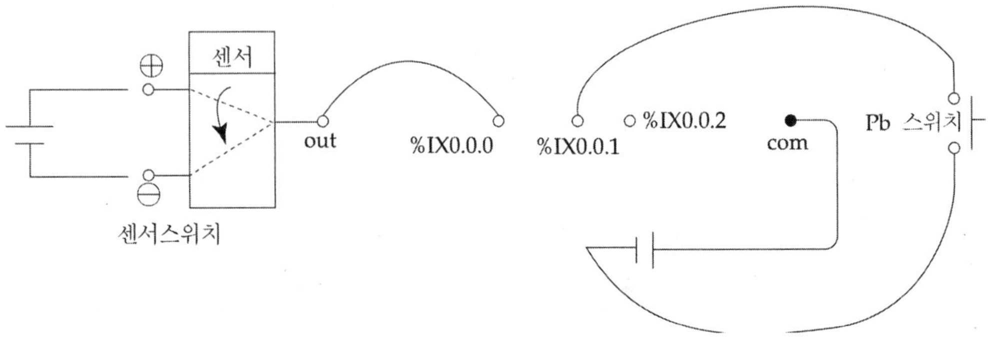

② 코일이 여자되면 램프가 점등되고 부저가 울리면서 소방펌프가 동작되도록 구성한다.
③ 투과형, 물체반사형, 반사경반사형 감지기를 교체하면서 동작특성을 파악한다.
④ 리밋스위치, 근접센서, 고주파센서 등을 이용하여 동작회로를 구성해본다.
⑤ 감지기 동작 후 일정시간을 지연한 후 소방펌프가 동작되는 회로를 구성해 본다.

6. 실습결과

① 투과형, 물체반사형, 반사경반사형 감지기의 차이점은 무엇인가?
② 열 · 연기감지기와 적외선 감지기와 구동회로의 차이점은 무엇인가?
③ 각 적외선센서의 유효한 검출거리는 얼마인가?

실습 6 자동식 사이렌 동작시험

1. 목 적

자동화재탐지설비를 구성하는 경보설비 중 자동식 사이렌의 각 구성기기의 역할을 알아보기 위해 시퀀스를 구성한다.

2. 실습과제

경보설비 구성은 전원부, 조작부(발신기, 누름버튼 스위치), 표시부(표시등, 벨, 사이렌)로 아래와 같이 구성한다.

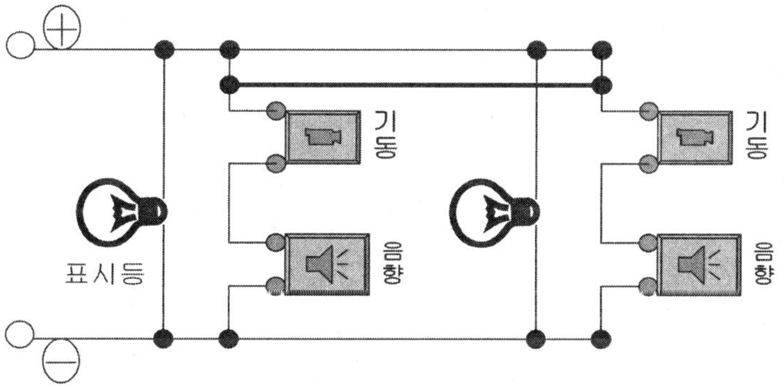

[자동식 사이렌 동작시험]

3. 준비물

전원공급장치(DC 24[V] 이상), PB sw, 릴레이, 동작표시등, 사이렌, 멀티테스터, 리드선, 단자대, 릴레이(DC24[V]), 음향계

4. 관련지식

방송설비는 화재를 발견한 사람이 기동장치를 조작하여 증폭기의 전원이 자동적으로 투입되게 하거나 또는 자동화재탐지설비의 감지기가 작동하여 수신기에 화재신호를 보낼 경우에 자동 또는 수동으로 증폭기의 전원이 투입되게 하여 조작장치의 마이크로폰(Microphone) 또는 화재시에 행하는 비상경보의 방송내용을 미리 녹음한 테이프 레코더(Tape-recorder)를 조작하여 스피커를 통하여 음성이나 비상경보의 방송을 행하게 하는 것이다.

방송설비에 음향장치가 부착된 것은 방송을 시작하기 전에 사이렌을 울리게 하며 조작장치는 기동장치에서 화재 발생의 경보를 할 필요가 있는 층에 경보할 수 있도록 하는 장치이다.

일상적인 방송을 할 때에는 보통 음량을 줄여서 방송하게 된다. 그러나 돌발적인 사태가 발생하여 비상경보방송을 할 필요가 있을 때에는 줄인 음량으로 효과적인 피난유도 방송을 할 수 없게 된다. 따라서 음량조정기를 설치하는 경우에는 비상시에 필요한 음량으로 유효하게 피난유도를 할 수 있도록 하는 것이 3선식 배선이다.

그러나 음량조정기를 스피커의 내부에 설치하여 사람이 용이하게 조작할 수 없게 하여 비상경보방송이 필요한 음량으로 방송할 수 있는 경우에는 2선식 배선으로 하여도 된다.

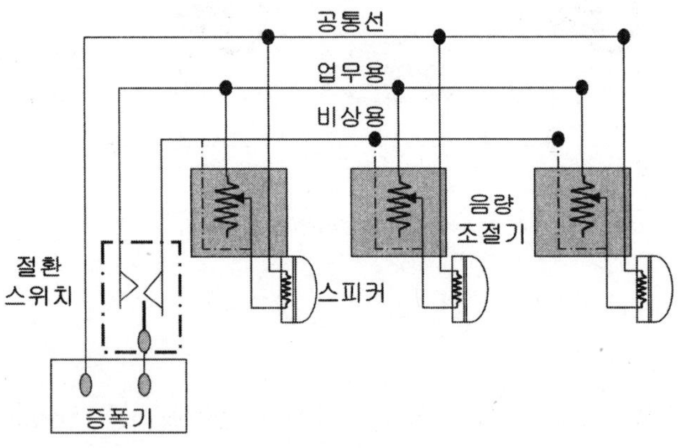

[3선식 배선]

5. 실습방법

① MCCB와 전자접촉기 사이렌, PB sw, 릴레이, 표시등 램프를 준비한다.

② 기동스위치를 on시키면 전자코일이 여자되고, 자기유지되어 사이렌이 울리면서 동작표시등이 점등되는 회로를 구성한다.

③ 동작 해제시는 정지용 스위치를 눌러 자기유지를 해제하고 모든 동작을 초기화시킨다.

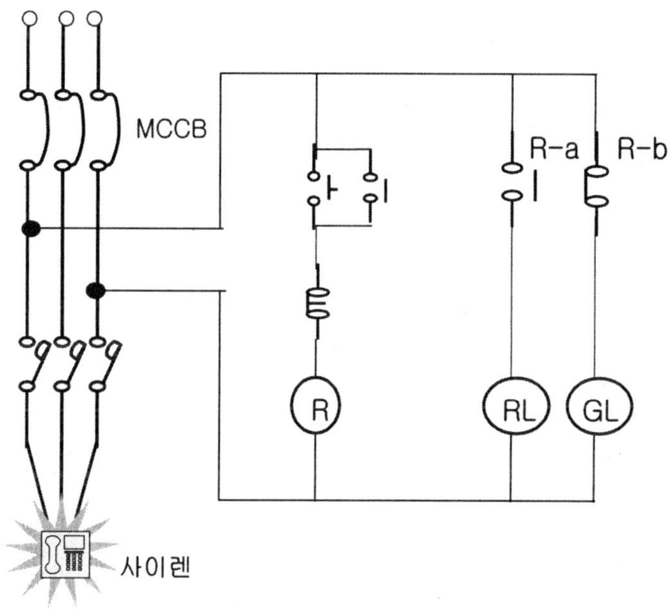

6. 실습결과

① 자동식 사이렌의 자기유지 접점은 무슨 역할을 하는가?

② 자동식 사이렌을 10초간 유지하기 위해서는 어떤 조치를 하여야 하는가?

실습 7 경보설비 동작시험

1. 목 적

자동화재탐지설비를 구성하는 경보설비의 각 구성기기의 역할을 알아보기 위해 시퀀스 회로를 구성한다.

2. 실습과제

경보설비 구성은 발신기, 전화잭, 발신표시등, 경종, 지구표시등으로 아래와 같이 구성한다.

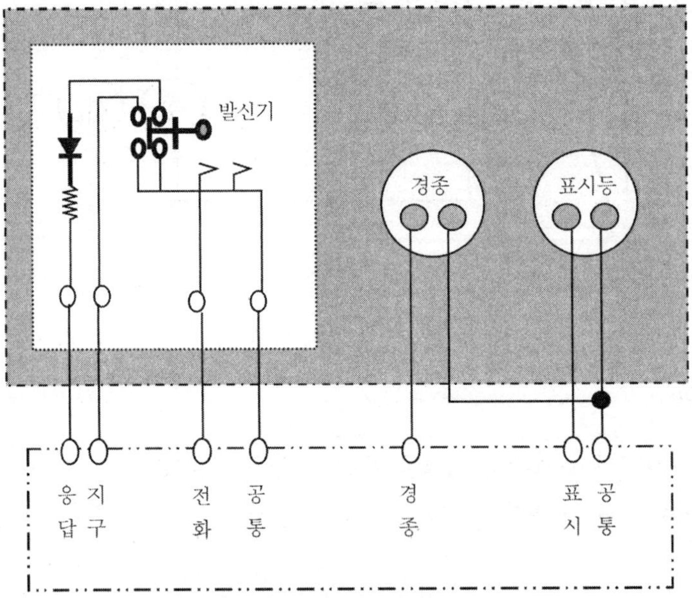

[경봉설비 동작시험]

3. 준비물

전원공급장치(DC 24[V] 이상), PB sw, 릴레이(DC24[V]), 표시등, 주경종, 지구경종, 멀티테스터, 리드선, 단자대, 종단저항 20[kΩ], 발신기세트

4. 관련지식

음향장치는 경종(Alarm bell)과 사이렌(Siren)이 있는데, 경종은 수신기의 기동출력에 의해 모터가 동작되어 종을 타종하는 방식과 전자석을 이용한 방식이 있다.

그리고 사이렌은 일정주파수를 발진시켜 스피커를 명동시키는 장치로 학교 · 공장 등의 옥외 경보용으로 사용되며, 자동화재탐지설비의 음향장치로는 대부분 경종을 사용한다.

음향장치는 수신기의 내부 또는 근처에 설치하는 주음향장치와 소방대상물의 각각의 장소에 설치하는 지구음향장치가 있는데 지구음향장치는 발신기와 함께 속보세트에 내장되거나 옥내소화전설비가 설치되는 경우에는 옥내소화전함의 상단에 속보세트 형태로 설치된다.

5. 실습방법

① PB sw, 릴레이, 24[V]램프, 경종, 표시등, 감지기, 종단저항을 준비한다.

② 발신기와 감지기, 종단저항을 병렬로 연결하고 발신기나 감지기가 동작시 코일과 응답 등이 동작되도록 직렬로 연결한다.

③ 코일이 여자되면 코일의 a접점이 on되면서 경종과 표시등이 동작된다.

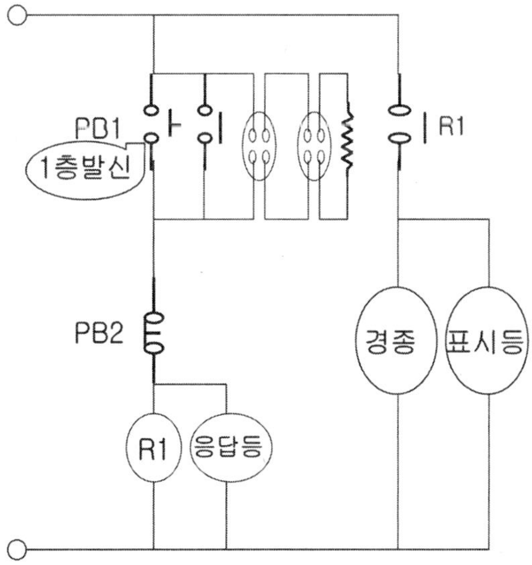

6. 실습결과

① 감지기간의 연결은 무슨 방식인가?

② 발신기세트와 실습회로와는 무엇이 다른가?

③ 종단저항을 연결하지 않을 경우 어떻게 되는가?

④ 경보설비의 설치기준은 무엇인가?

실습 8 솔레노이드 밸브 동작시험

1. 목 적

발신기 또는 감지기 동작시 화재신호가 솔레노이드를 동작시켜 소화활동에 필요한 분말약제를 방출하고 화재경보를 발하여 피난을 유도할 수 있는 회로를 구성한다.

2. 실습과제

① 발신기 또는 감지기가 동작시 적색램프가 동작되고 일정시간 지연 후(3초) 사이렌을 경보하는 회로를 구성한다.
② 동시에 솔레노이드 밸브에 의해 기동용기가 기동하고 방출표시등이 점등된다.
③ 일정시간 지연 후(5초) 소방펌프가 동작된다.

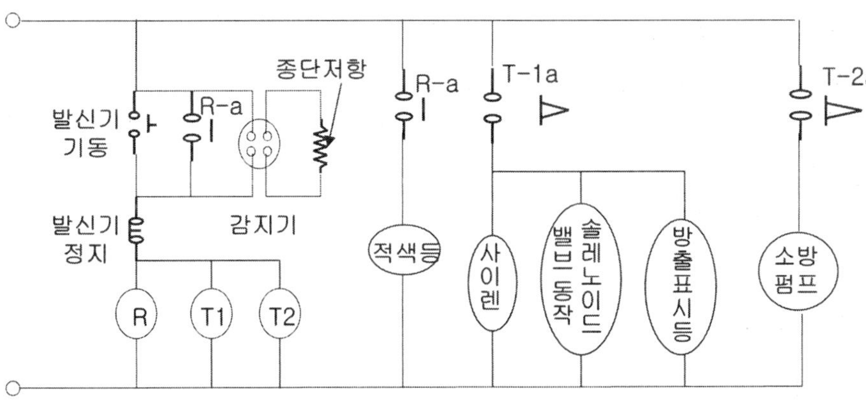

[솔레노이드 밸브 동작시험]

3. 준비물

전원공급장치(DC 24[V] 이상), 멀티테스터, 리드선, 감지기, 발신기, 릴레이(DC 24[V]), 타이머 2개(T1, T2), 종단저항, 솔레노이드 밸브, 방출표시등, 소형모터, 자동식 사이렌, PB sw

4. 관련지식

솔레노이드 밸브는 이산화탄소, 하론소화설비, 청정소화약제 등의 가스가 충전된 용기에 화재발생시 해당 방호구역의 기동용기 또는 저장용기 밸브에 부착되어 화재시에 커터핀으로 용기밸브를 작동시키는 역할을 한다. 이 밸브는 제어반으로부터 전기적인 신호에 의해 자동으로 작동되며, 만일 자동으로 작동되지 않으면 안전클립을 당겨서 빼낸 다음 수동조작 버튼을 눌러서 수동으로 조작할 수 있다.

5. 실습방법

① 발신기와 감지기를 병렬로 연결하고 발신기(또는 감지기)가 동작시 코일이 여자될 수 있도록 구성한다.
② 동시에 타이머 T1, T2가 여자된다.
③ 동시에 적색등이 점등되고 T1초 경과 후 사이렌과 솔레노이드 밸브가 동작(CO2 방출)된다.
④ T2초 후에 소방펌프가 기동된다.

6. 실습결과

① 타이머의 역할은 무엇인가?
② 솔레노이드 밸브를 사용할 수 있는 부하기기는 무엇인가?
③ 솔레노이드 밸브는 어떤 원리를 이용하여 구성되었는가?
④ 솔레노이드 밸브와 소방펌프와의 시간차는 얼마가 적정한가?

실습 9 소방펌프 동시 · 지연 동작시험

1. 목 적

발신기 또는 감지기 동작시 화재신호를 수신하여 화재표시등과 경종을 동작케 하고 일정시간 경과 후 소방펌프가 동작하는 회로를 이해한다.

2. 실습과제

[과제 1] 일정시간 지연 후 소방펌프 동작회로

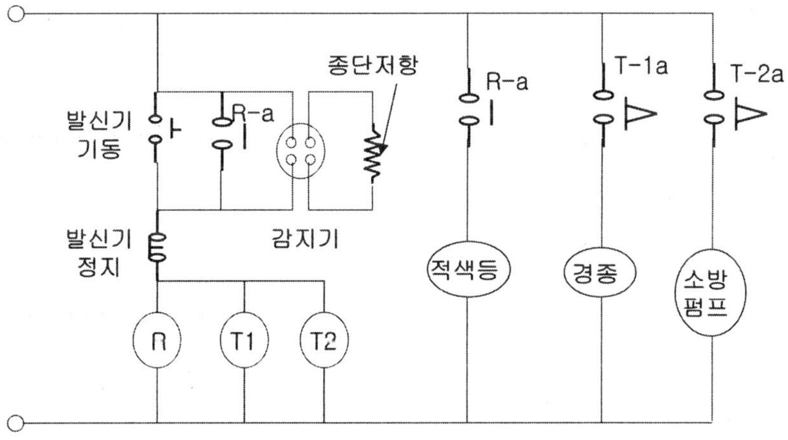

[과제 2] 화재수신 후 일정시간 동작 후 정지회로

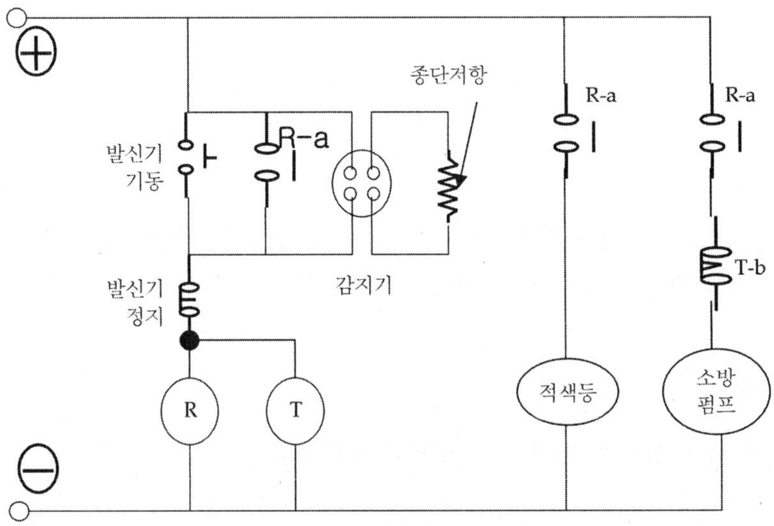

3. 준비물

전원공급장치(DC 24[V] 이상), 멀티테스터, 리드선, 감지기, 발신기, 릴레이(DC 24[V]), 타이머, 종단저항, 소형모터, 경종, 표시등, PB sw 2개

4. 관련지식

소화전설비 방식에는 가압송수장치의 종류에 따라 고압수조방식, 압력수조방식, 펌프방식으로 분류할 수 있다. 가압송수장치는 기동방식에 따라 수동기동방식(on, off방식)과 자동기동방식(개폐밸브 압력방식)이 있다. 수동기동방식은 소화전함 내부 또는 근처에 설치되어 있는 기동스위치를 작동시킴으로써 가압송수장치를 기동할 수 있으며, 자동기동방식은 소화전 내의 개폐밸브 개방으로 압력의 변화를 감지하여 가압송수장치를 자동으로 기동하는 방식이다.

5. 실습방법

① 발신기와 감지기를 병렬로 연결하고 발신기(또는 감지기)가 동작시 코일이 여자될 수 있도록 구성한다.

② 동시에 타이머 T1, T2가 여자된다

③ 과제 1에서 코일이 여자됨과 동시에 적색등이 점등되고 T1초 경과 후 부저와 T2초 후 소방펌프가 동작된다.

④ 과제 2에서 코일이 여자 됨과 동시에 적색등이 점등되고 소방펌프가 동작되고 일정시간 경과 후 소방펌프 동작이 정지한다.

6. 실습결과

① 타이머의 역할은 무엇인가?

② 2개의 회로에서 타이머의 역할은 무엇인가?

③ 2개의 회로의 기능은 어떤 역할을 하는 개소에 사용되는가?

실습 10 발신기와 수신기 연동시험

1. 목 적

발신기세트(경종, 표시등, 발신기응답등, 누름버튼 스위치, 전화용잭 내장)와 감지기 구성회로를 통하여 발신기와 감지기 중 하나만 동작하여도 화재신호를 수신기에 전달되는 동작을 이해한다.

2. 실습과제

일제경보방식과 구분경보방식을 결선을 통하여 발신기와 수신기간의 연동작동을 이해한다.

일제경보방식은 수신기가 화재를 수신하였을 때 소방대상물의 전층을 동시에 경보하도록 결선하고 직상발화 우선경보방식은 화재신호를 수신했을 때 소방대상물의 경보층을 구별하여 경보하도록 한다.

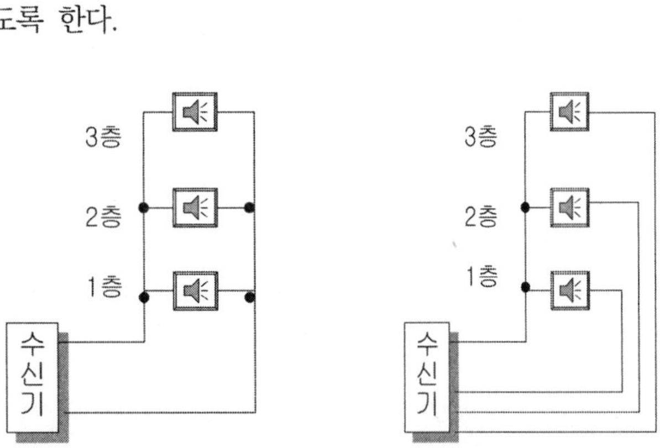

[일제경보방식]　　[구분경보방식]

3. 준비물

전원공급장치(DC 24[V] 이상), 마그네트 스위치(220[V]), NFB, 멀티테스터, 리드선, 릴레이(DC 24[V]), 발신기세트(경종 2개, 표시등(적, 녹), PB sw, 전화기), 부저, 감지기 3개, 단자대

4. 관련지식

5층(지하층을 제외한다) 이상으로서 연면적이 3,000[㎡]를 초과하는 소방대상물 또는 그 부분에 있어서는 2층 이상의 층에서 발화한 때에는 발화층 및 그 직상층에 한하여, 1층에서 발화한 때에는 발화층, 그 직상층 및 지하층에 한하여, 지하층에서 발화한 때에는 발화층, 그 직상층 및 기타의 지하층에 한하여 경보를 발할 수 있도록 하여야 한다.

일제경보방식은 수신기가 화재를 수신하였을 때 소방대상물의 전층을 동시에 경보하는 방식으로 이때 전선의 가닥수는 6+n(n : 지구신호)이다.

또한 직상발화 우선경보방식은 화재신호를 수신했을 때 소방대상물의 경보층을 구별하여 경보하는 방식으로 전선 가닥수는 5+2n(n : 지구신호)이다.

그림은 경보기 명동방식의 상세결선도를 나타낸다.

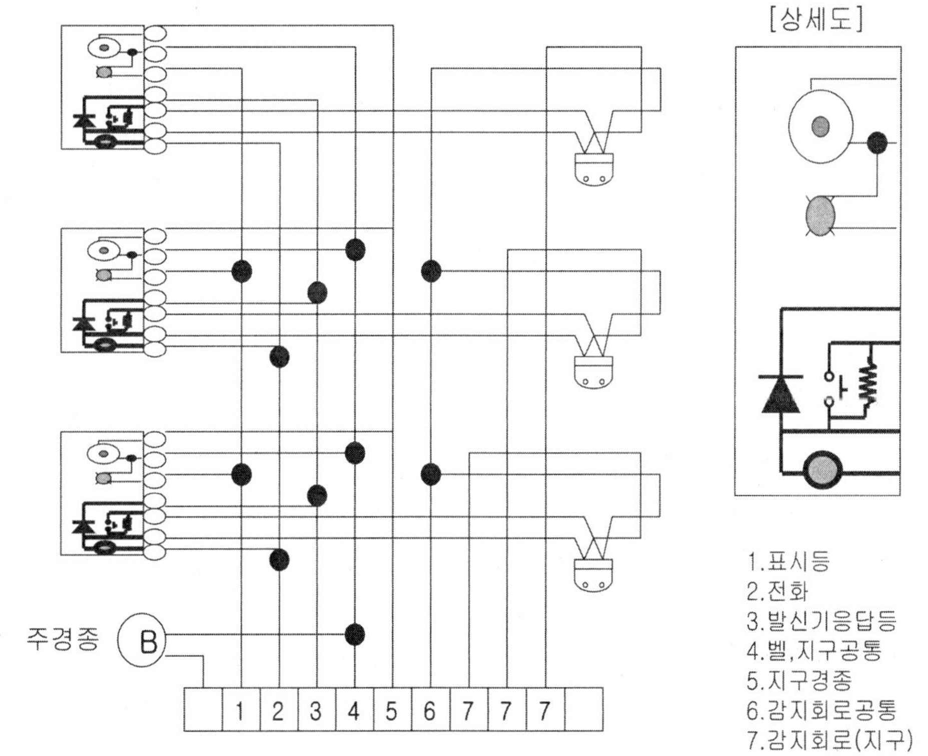

[일제경보방식]

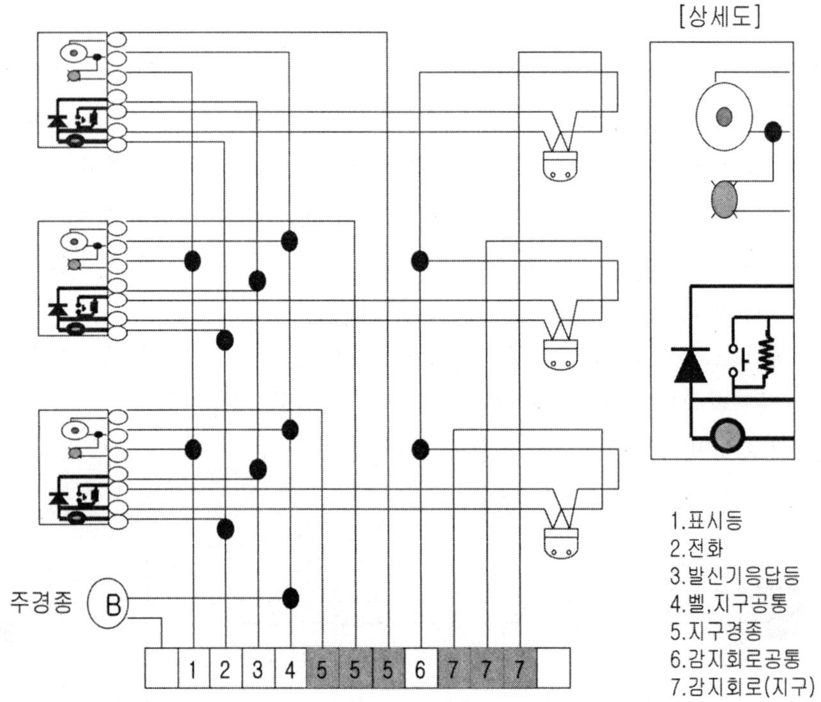

[직상발화우선경보방식 회로결선]

5. 실습방법

① 일제경보방식을 3개층으로 하고 각층별로 발신기와 감지기, 종단저항을 병렬로 연결하고 동작시 코일이 여자되면서 응답등이 점등되도록 한다.
② 각층의 발신기 · 감지기가 동작한 경우 층별 응답등이 점등된다.
③ 이때 주경종과 층별 표시등이 점등된다.
④ 또한 각층에 있는 지구경종이 층별 구분없이 울린다.
⑤ 구분경보방식을 3개층으로 하고 각층별로 발신기와 감지기 · 종단저항을 병렬로 연결하고, 동작시 코일이 여자되면서 응답등이 점등되도록 한다.
⑥ 각층의 발신기 · 감지기가 동작한 경우 층별 응답등이 점등된다.
⑦ 이때 주경종과 층별 표시등이 점등된다.
⑧ 또한 각층에 있는 지구경종이 별도로 구분하여 울린다.

【일제경보방식】

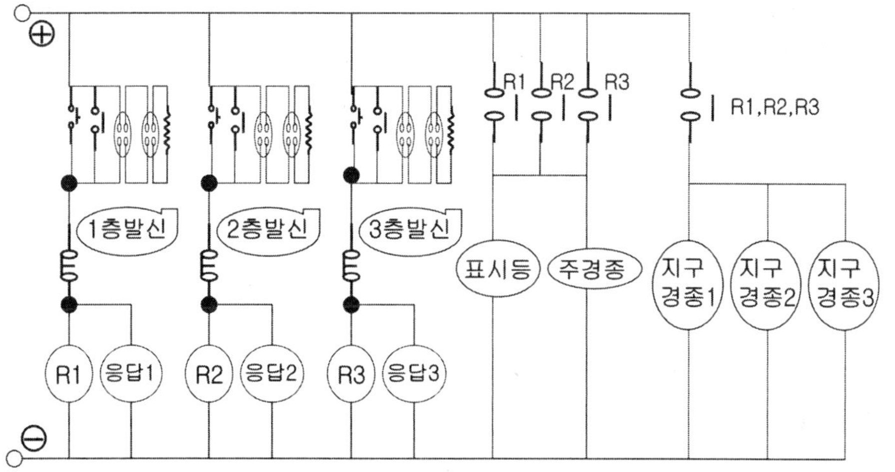

【구분경보방식】

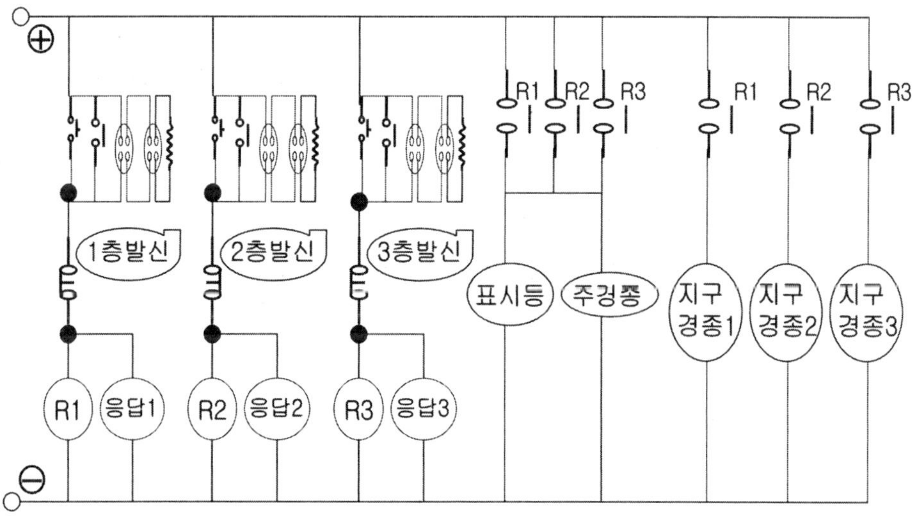

6. 실습결과

① 층별표시등을 구분하여 점등하고 싶은 경우 어떻게 결선하는가?

② 일제경보방식과 구분경보방식의 차이점은 무엇인가?

③ 표시등과 주경종을 별도로 결선하면 어떻게 되는가?

④ 응답등의 기능은 무엇인가?

실습 11 유도등 회로 연동시험

1. 목 적

화재발생시 자동으로 점등되어 피난통로를 유도하는 유도등의 구조를 알아보고, 수신기의 동작신호에 따라 연동되는 회로를 구성한다.

2. 실습과제

① 2선식과 3선식 배선의 유도등에 전원을 연결하고 점등여부를 확인한다.

② 상용전원 정전시 2, 3선시 유도등의 상태를 알아본다.

③ 수신기의 화재신호를 수신하여 3선식 유도등을 점등한다.

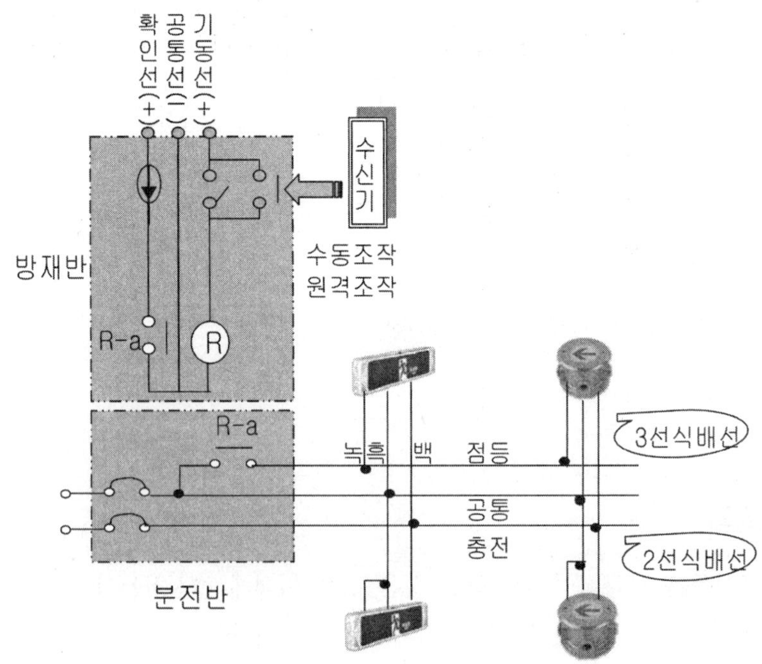

[유도등 연동 동작회로]

3. 준비물

전원공급장치(DC 24[V] 이상), 멀티테스터, 리드선(색선), 피난구유도등, 통로유도등, 마그네트 스위치(220[V]), MCCB, 릴레이((DC 24[V]), 수신기, 조도계

4. 관련지식

2선식 배선은 배선회로가 전용이며 평상시 점등상태를 유지하며 점멸기 또는 정전에 의해 소등되면 자동으로 예비전원에 의하여 점등된 후 20분간 유지 후 소등된다.

그에 비하여 3선식 배선은 3선중 2선에 점멸기를 설치하여 필요시 점멸기를 이용하여 유도등을 소등하고 상용전원을 이용하여 축전지에 충전을 한다. 점멸기는 필요시 점등과 소등을 자유롭게 할 수 있고, 정전 또는 화재로 인한 전원 차단시 축전지에 충전된 전원에 의해 유도등이 점등하게 되는 방식이다.

5. 실습방법

① 전원을 연결한 후 2선식 배선을 점등시킨다.
② 전원을 제거한 후 유도등이 점등 유지되는 시간을 측정한다.
③ 3선식 유도등에 수신기의 화재신호로 점등되는가를 확인한다.
④ 전원을 연결한 후 점멸기를 이용하여 유도등을 소등시키고 축전지에 충전되는가를 확인한다.
⑤ 유도등이 소등된 상태에서 전원을 제거하고 유도등의 점등상태를 확인한다.

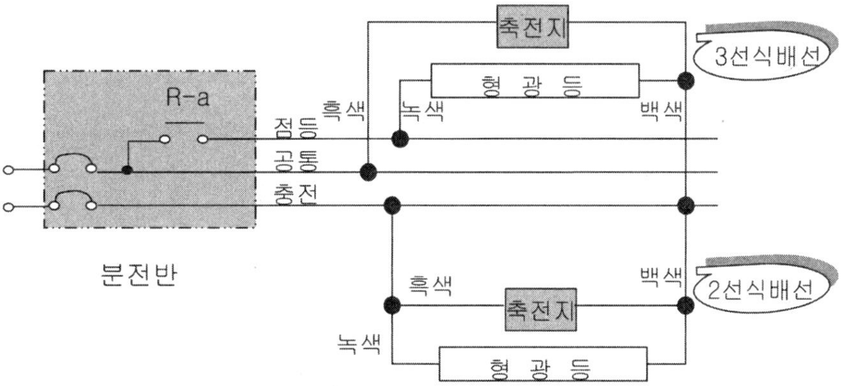

[유도등 2선식 배선과 3선식 배선]

6. 실습결과

① 점멸기를 이용하여 자동 또는 수동으로 조작한다

② 2선식 배선의 전원을 제거한 후 유도등이 점등되는 시간은 얼마인가?

③ 3선식 배선에서 점멸기의 동작은 어느 경우에 동작되는가?

실습 12 소방펌프와 유도등 연동

1. 목 적

발신기 또는 감지기 동작시 화재신호를 수신하여 피난유도등이 점등되고 소방펌프가 동작되는 회로를 구성한다.

2. 실습과제

① 평상시에는 유도등이 꺼져 있고 GL(녹색)램프만 점등되어 있다.
② 발신기가 동작하면 GL은 소등되고 RL(적색)이 점등되면서 유도등이 점등되고, 소화전 펌프가 동작되는 회로를 구성한다.

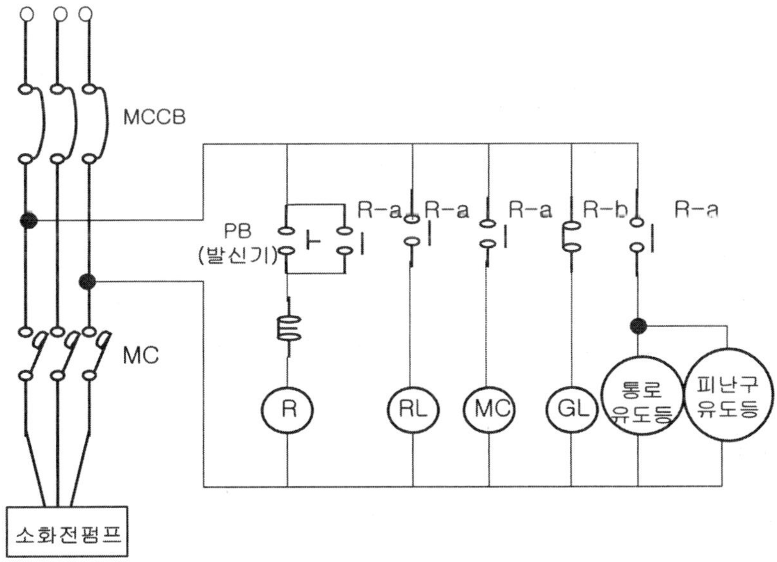

[소방펌프와 유도등 연동결선]

3. 준비물

전원공급장치(DC 24[V] 이상), 멀티테스터, 리드선, 릴레이(DC 24[V]), 소형모터, 표시등(적 · 녹), PB sw 2개, 통로유도등, 피난구유도등, 마그네트 스위치(220[V]), MCCB

4. 관련지식

3선식 배선에 따라 유도등에 점멸기를 설치하는 경우에는 다음에 해당되는 때에는 반드시 유도등이 점등되도록 하여야 한다.

① 자동화재탐지설비의 감지기 또는 발신기가 작동되는 때
② 비상경보설비의 발신기가 작동되는 때
③ 상용전원이 정전되거나 전원선이 단선되는 때
④ 방재업무를 통제하는 곳 또는 전기실의 배전반에서 수동으로 점등하는 때
⑤ 자동소화설비가 작동되는 때

5. 실습방법

① 발신기 동작시 코일이 여자될 수 있도록 직렬로 연결한다.
② 코일이 여자되면 적색등이 점등되고 피난유도등이 점등될 수 있도록 a접점을 구성한다. 이때 GL접점은 b접점이다
③ 동시에 소방펌프에 연결된 전자접촉기가 여자되어 전원이 공급되면서 펌프가 동작한다.
④ 전자접촉기 연결시 기기 자체 내의 접점회로를 사용하여도 무방하다.

6. 실습결과

① MCCB와 전자접촉기의 역할은 무엇인가?
② 전자접촉기는 몇 개의 단자로 구성되었으며, 주회로와 보조회로의 차이점은 무엇인가?
③ 전자접촉기의 MC와 릴레이와의 연결은 어떻게 이루어지는가?

실습 13 비상용-상용전원 전환동작

1. 목 적

상용전원과 비상용전원을 설치하고 상용전원 정전시 비상용 전원으로 절환되는 회로를 구성한다.

2. 실습과제

아래 그림은 예기치 못한 정전으로 설비가 정지되면 안 되는 설비(소방용설비, 의료용, 방송국)에 상용전원과 비상용전원을 설치하여 무정전 전원이 공급되는 회로도를 나타낸다.

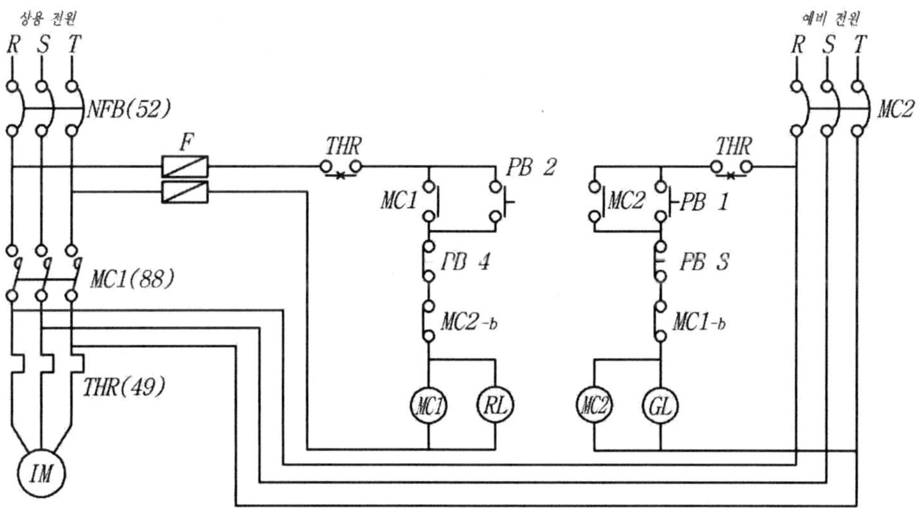

[비상용—상용전원 전환동작 결선]

3. 준비물

마그네트 스위치(220[V]), NFB 2개, 멀티테스터, 리드선, 열동계전기 2개, 휴즈, 전동기, 표시등(적 · 녹), PB sw, 릴레이(DC 24[V])

4. 관련지식

빌딩 · 공장 등 모든 분야에서 전기설비는 중요한 기능을 발휘하고 있으므로, 전력회사로부터 공급받고 있는 상용전원에 정전사고가 생활에 불편뿐만 아니라 안전에도 큰 위협을 미치고 있다. 상용전원의 신뢰도는 설비의 개선을 통해서 날로 향상되고 있는 실정이지만, 태풍이나 풍수해 등 천재에 의한 예기치 않았던 정전사고, 기기 교체 등 보안작업으로 인한 정전 등을 생각한다면 완전한 무정전 공급이란 도저히 불가능하다.

따라서 상용전원이 정전된 경우에 자위상 최소한의 보안전력을 확보하기 위해서 예비전원으로서 자가용 발전장치나 축전지설비가 시설되어 왔다. 또한 각국마다 소방법 · 건축법을 통하여 예비전원의 설비를 규제하는 실정에 있다. 그리고 예비전원설비는 방재상의 견지에서도 대단히 중요하다.

법규에 의한 예비전원설비로서는 자가용 발전설비, 축전지설비, 무정전 전원장치, 비상전원 전용수전설비 등이 인정되고 있다.

① 자가발전설비 : 자가발전장치는 상용전원이 차단된 경우에만 사용하는 것으로 내연기관 또는 가스터빈(이하 원동기라 한다)에 의하여 발전기를 구동하여 부하에 전력을 공급하는 장치로 원동기, 발전기, 제어장치 및 부속장치로 구성된다.

② 축전지설비 : 수변전설비의 조작용 전원, 비상용 조명장치, 방송통신장치의 예비전원으로 사용되는 것으로 상용전원 정전시 즉시 전원을 공급할 수 있어 병원, 소방법의 비상용전원 설비의 중요한 구성장치이며, 정류장치 · 축전지로 구성된다.

③ 무정전 전원설비 : 일반적으로 UPS(Uninterrupitible Power Supply system)라 부르며 정류기, 인버터, 축전지, 절환스위치로 구성된다.

④ 비상전원 수전설비 : 연면적 1000[m²] 이하 건축물에 시설하는 설비로서 제한적 특별고압 · 고압 및 저압으로 수전할 수 있으며, 소방법 설치규정에 따라 설치해야 한다.

5. 실습방법

① 상용 전원에 의해 전동기를 기동시키기 위해 기동용 푸시버튼 스위치(PB2)를 누르면, 전자접촉기 MC1 코일이 여자되어 주접점 MC1이 붙어 상용전원에 의해 전동기가 회전하고, 운전표시등(RL)이 점등된다. 동시에 보조접점 MC1-b가 떨어져(인터록 회로가 구성) 비상용전원 투입용 전자접촉기 MC2 코일은 동작하지 못하는 안전 동작이 이루어진다.

② 상용전원을 차단시키기 위한 정지용 푸시버튼 스위치(PB4)를 누름으로써 전동기는

정지한다. 아울러 운전표시등(RL)은 소등한다.

③ 상용전원이 정전인 경우 예비전원인 비상용전원으로 전동기를 운전시키기 위해 비상용전원 투입용 푸시버튼 스위치(PB1)를 누른다.

6. 실습결과

① 비상전원을 확보할 수 있는 전원은 무엇이 있는가?

② 비상전원을 확보해야 하는 소방대상물은 무엇인가?

③ 비상전원 확보시간은 몇 분을 유지하여야 하는가?

실습 14 수신기 동작시험(1)

1. 목 적

자동화재탐지설비를 구성하는 각종 기기들의 동작기능과 결선방법을 시퀀스를 이용하여 이해한다.

2. 실습과제

① 발신기·감지기 동작시 경보장치(경종·표시등)과의 연관관계를 알아본다
② 회로 도통시험을 하여 정상시와 동작시 동작전류를 알아본다.
③ 종단저항의 역할을 알아본다.
④ 시퀀스도를 이용하여 수신기 결선을 배선한다.

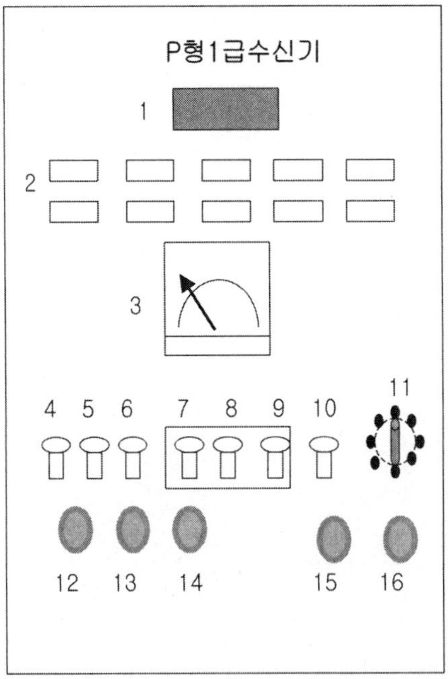

1.화재표시등
2.지구표시등
3.전압계
4.시험복구스위치
5.예비전원시험스위치
6.도통시험스위치
7.주음향정지스위치
8.지구음향정지스위치
9.화재복구스위치
10.화재작동시험
11.회로선택스위치
12.전화연락장치
13.전화등
14.교류전원등
15.스위치주의등
16.발신기등

[P형 1급 자동화재탐지설비]

3. 준비물

P형 1, 2급 수신기, 표시등, 주경종, 지구경종, 발신기세트, 열 또는 연기감지기, 멀티테스터 종단저항(10[kΩ]), 슬라이닥스, 음량계, 절연저항계, 열감지기시험기, 연기감지시험기

4. 관련지식

P형 수신기는 화재신호를 접점신호로 수신하기 때문에 각 경계구역마다 별도의 배선이 필요하다. 그러므로 경계구역수가 증가할수록 회선수가 필요하며, 화재신호는 DC 24[V] 접점으로 이루어진다. P형 수신기는 1급과 2급으로 구분되며, P형 1급 수신기는 그 회로수에 제한이 없는데 P형 2급수신기는 회로수가 5회로 이하이다. 또한 P형 2급 1회선용 수신기는 예비전원이 필요하지 않으나 연면적 350[㎡] 이하 소방대상물만 설치가 가능하다.

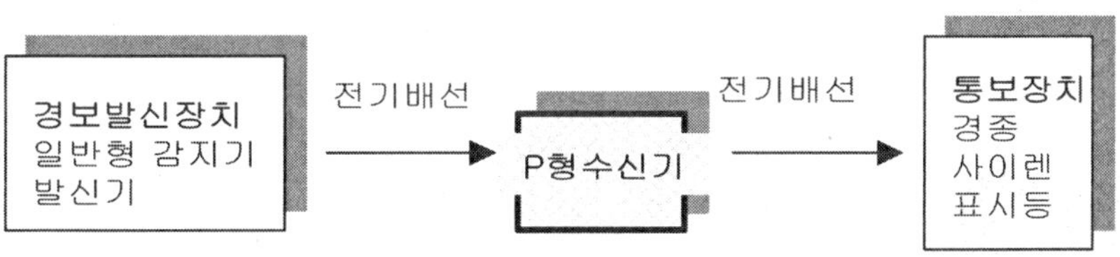

[P형 수신기의 구성]

5. 실습방법

① 자동화재탐지설비 2회로를 결선할 준비를 한다.
② 릴레이, 발신기, 감지기, 표시등램프, 주경종, 지구경종, 화재표시등을 수신기에 연결할 수 있도록 준비한다.
③ 상기 도면과 같이 경선을 수행한다.
④ 각 경계선로의 도통스위치를 on하는 경우 발신기의 도통등이 점등된다.
⑤ 각 경계선로의 발신기나 감지기가 동작된 경우 응답등이 점등되고 지구경종, 표시등, 주경종, 화재표시등이 경계구역별로 점등된다.
⑥ 감지기 회로의 종단에는 종단저항 20[kΩ]을 사용한다.

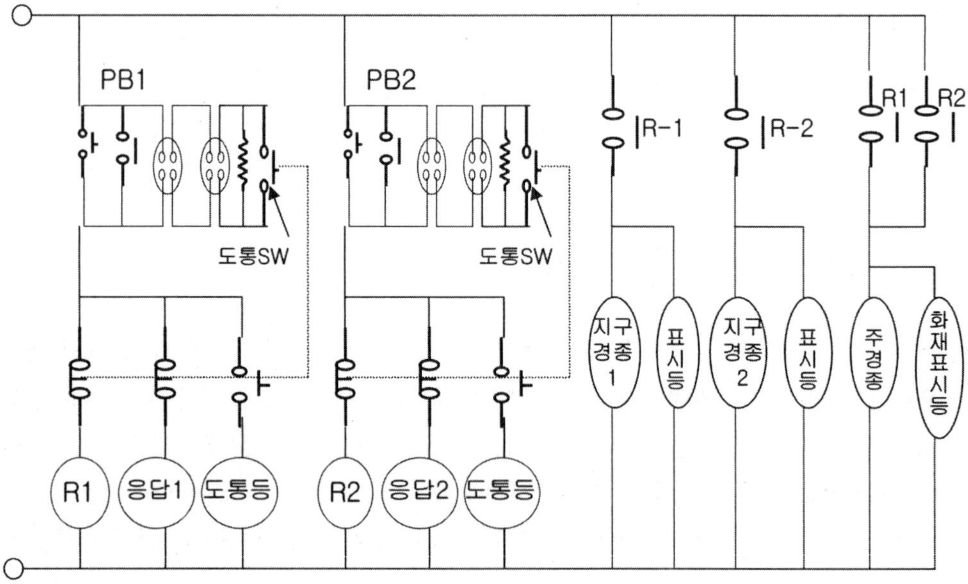

6. 실험결과

① 감지기를 동작시켰을때 수신기에는 어떤 현상이 일어나는가?

② 회로선이 단선되었을 경우 수신기에는 어떤 표시가 보이는가?

③ 종단저항이 없을 경우 수신기에는 어떤 표시가 보이는가?

④ 종단저항의 역할은 무엇인가?

⑤ 발신기의 응답선이 단선되었을 경우 어떻게 되는가?

실습 15 수신기 동작시험(2)

1. 목 적

자동화재탐지설비를 구성하는 각종 기기들의 동작기능과 결선방법을 습득한다.

2. 실습과제

수신기 점검을 통하여 화재시 수신기와 발신기, 감지기, 경고등이 원할히 동작되어 화재감지 및 피난활동에 지장이 없도록 수시로 점검할 필요가 있다.

평상시에는 수신기 상태를 보면 다음과 같다.

① 전압의 상태가 정상이고 교류전원등이 점등된다.
② 전압상태의 표시는 전압계 또는 표시등으로 나타낸다.
③ 전압계는 바늘이 24[V]를 지시하고 있으면 정상이다.
④ 표시등은 정상에 점등되어 있으면 정상이다
⑤ 주경종, 지구경종스위치가 정지에 있으면 화재가 발생해도 경종이 울리지 않게 되므로 동작위치에 놓는다.
⑥ 스위치 주의등은 다른 스위치가 정상의 위치에 있지 않은 경우 점멸한다.

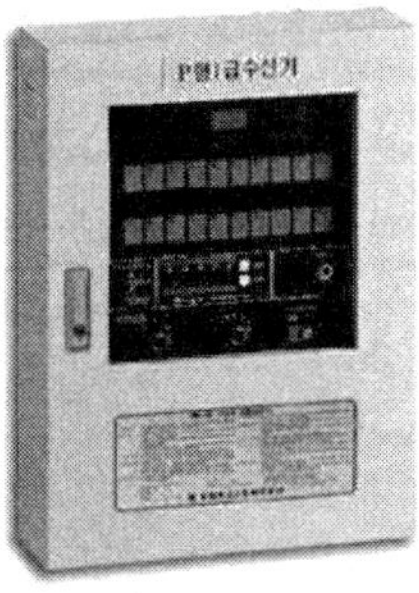

[P형1급 수신기]

수신기 동작시험 종류는 다음과 같다.

① 화재표시작동시험
② 회로도통시험
③ 공통선시험
④ 예비전원시험
⑤ 동시동작시험
⑥ 저전압시험
⑦ 회로저항시험
⑧ 지구음향장치 작동시험
⑨ 비상전원시험

3. 준비물

P형1, 2급수신기, 표시등, 주경종, 지구경종, 발신기세트, 열 또는 연기감지기, 멀티테스터, 종단저항(10[kΩ]), 절연저항계, 음량계, 슬라이닥스, 열감지기시험기, 연기감지기 시험기

4. 관련지식

(1) 화재표시 작동시험

1) 시험방법

시험용 스위치를 화재시험측으로 조작하여 스위치 주의등의 점등을 확인한 후 회로 선택스위치를 차례로 회전시켜 각각의 회로마다 작동시험을 한다.

또한 감지기 또는 발신기를 차례로 작동시켜 경계구역과 지구표시등과의 연동동작을 확인한다.

2) 양부판정 기준

화재표시등, 지구표시등, 음향장치 연동, 감지기회로와 경계구역간의 접속상태를 확인한다.

(2) 회로 도통시험

1) 시험방법

감지기회로의 단선유무와 기기와의 접속등을 확인하기 위해 다음 순서로 수행한다.

① 화재시험과 도통시험의 절환스위치를 도통시험측에 놓는다
② 회로선택 스위치를 차례로 회전시킨다.
③ 각 회선의 시험용계기의 지시등을 조사한다.
④ 종단저항값을 측정한다

2) 양부판정 기준

각 회선의 시험용계기의 전압이 2~6[V]이면 정상이다.

(3) 공통선 시험

1) 시험방법

① 공통선이 담당하는 경계구역별로 다음 순서에 따라 시험한다.
② 수신기 내의 접속단자의 공통선을 1선만 제거한다.
③ 회로선택 스위치를 차례로 회전시킨다.
④ 시험용계기의 지시등이 '단선'을 가르킨 경계구역의 회선수를 파악한다

2) 양부판정 기준

공통선이 담당하고 있는 경계구역의 수가 7 이하이어야 한다.

(4) 예비전원시험

1) 시험방법

상용전원이 정전될 경우 자동적으로 비상전원으로 절환되고 정전 복구시에는 자동적으로 상용전원으로 절환되는 것을 다음과 같은 방법으로 확인한다.

① 예비전원 시험스위치를 넣는다.
② 전압계의 지시값이 지정치값을 유지하는가를 확인한다.
③ 교류전원을 개방하여 자동절환 릴레이가 예비전원으로 투입되었는가를 확인한다.

② 양부판정 기준

예비전원의 변압, 용량, 절환 및 복구가 정상적으로 동작하는가를 확인한다.

(5) 동시동작 시험

1) 시험방법

몇 개의 경계회로가 동작되어도 수신기의 기능에 이상이 없는가를 다음 순서를 통하여 확인한다.

① 각 회선의 화재동작을 복구시키지 않고 동시에 5회선을 동작시킨다.
② 이때 주음향장치 및 지구 음향장치가 모두 작동되도록 한다.
③ 단 수신기의 전원용량에 의해 5회선 동시 작동시 부하전류가 수신기 최대전류를 초과하는 경우에는 최대 부하전류를 넘지 않도록 주의한다.

2) 양부판정 기준

각 회선을 동시 작동시켰을 때 수신기, 부수신기, 표시기, 음향장치 등에 화재작동을 표시할 수 있는 기능을 유지하여야 한다.

(6) 저전압 시험

1) 시험방법

① 자동화재탐지설비용 전원전압이 저하한 경우 성능이 유지되는가를 다음순서로 시험한다.
② 자동화재탐지설비용 전압시험기 또는 가변저항기 등을 사용하여 전원전압(축전지 포함)을 정격전압의 80[%] 이하로 한다.
③ 화재표시 작동시험에 준하여 시험한다.

2) 양부판정 기준

화재신호를 정상적으로 수신할 수 있어야 한다.

(7) 회로 저항시험

1) 시험방법

① 감지기회로의 배선저항값이 수신기의 기능에 어떤 영향이 있는가를 시험하는 항목이다

② 저항계를 사용하여 감지기회로의 공통선과 표시선 사이의 선로저항값을 측정한다. 회로 끝단은 도통상태를 유지하여 측정한다.

2) 양부판정 기준

1개 회로의 합성저항치는 50[Ω] 이하로 한다

(8) 지구 음향장치 작동시험

1) 시험방법

감지기 동작과 연동하여 지구 음향장치가 정상적으로 작용하는지 임의의 감지기나 발신기를 작동시킨다.

2) 양부판정 기준

감지기를 작동시켰을 때 수신기에 연결된 당해 지구 음향장치가 작동하고 음량이 음향장치의 중심에서 1[m] 떨어진 위치에서 90[폰] 이상이어야 한다.

(9) 비상전원 시험

1) 시험방법

상용전원이 정전되었을때 자동적으로 비상전원(축전지)으로 절환되며 정전복구시에는 자동적으로 상용전원으로 절환되는가를 다음 순서로 확인한다.

① 축전지를 개로상태로 하고 전압계의 지시치가 80[%]를 유지하는가를 확인한다.

2) 양부판정 기준

비상전원의 전압, 용량, 절환, 복구 작동이 정상인가를 확인한다.

5. 실습방법

① 자동화재탐지설비 P형 1급 또는 2급 수신기를 준비한다.

② 발신기, 감지기, 전화, 응답회로 표시등을 수신기와 연결할 수 있도록 준비한다. 이때 각 단자의 공통선을 1개로 연결한다.

③ 제1회로선(발신기+감지기 병렬회로), 전화선, 회로응답선을 수신기 각 단자에 연결하고 3단자의 공통선을 묶어 수신기 공통단자에 연결한다.

④ 표시등과 지구경종을 수신기의 각 단자에 연결한다. 이때 표시등 및 지구경종의 공

통선은 연결하여 수신기의 표시등과 지구경종의 공통단자에 연결한다.

⑤ 결선이 완료되면 수신기로 들어간 선이 7가닥이 되는지 확인한다[발신기(감지기), 전화, 회로응답, 공통선, 표시등, 지구경종, 공통선)].

⑥ 회로의 끝부분에 종단저항을 설치한다.

⑦ 회로결선을 확인한 다음 수신기 공급전원을 투입하여 각종 실험을 수행한다.

⑧ 1회로 완성 후 2개 회로를 같은 방법으로 수행한다. 2번째 회로는 1회로 감지기 공통선은 공용하고 신호선만 배선하고 감지기와 종단저항만 연결한다.

⑨ 4항의 9가지 수신기 시험을 실시한다.

6. 실험결과

① 감지기를 동작시켰을때 수신기에는 어떤 현상이 일어나는가?

② 회로선이 단선되었을 경우 수신기에는 어떤 표시가 보이는가?

③ 종단저항이 없을 경우 수신기에는 어떤 표시가 보이는가?

④ 종단저항의 역할은 무었인가?

⑤ 발신기의 응답선이 단선되었을 경우 어떻게 되는가?

실습 16 자동화재 속보설비 동작시험

1. 목적

자동화재속보설비의 동작원리와 사용방법을 익히고 화재발생시 수신기와 연동되고 소방관서에 통보되는 것을 확인한다.

2. 실습과제

[자동화재속보설비의 속보기]

① 수신기에 연결된 감지기가 동작시 자동화재속보설비와의 연동관계를 알아본다.
② 자동화재속보설비가 동작하는 경우 내선전화 연동을 확인한다.
③ 자동화재속보설비의 녹음테이프 재생횟수를 확인한다.
④ 자동화재속보설비가 동작하는 경우 소방서와의 연동을 확인한다.

3. 준비물

감지기, 수신기, 자동화재속보설비, 멀티테스터, 리드선, 단자대, 전화기

4. 관련지식

화재발생시 자동화재탐지설비로부터 화재신호를 받아 자동 또는 수동으로 화재발생과 소방대상물의 위치를 소방서에 음성으로 통보하는 설비를 자동화재속보설비라 한다.

자동화재속보설비는 화재신호를 수신하면 5~7초 동안 화재 여부를 판정하여 화재발생을 소방관서에 통보하고, 전화를 설치하고 있는 경우에는 상용전화선을 차단하고 119를 구동시켜 5분 이상 녹음테이프에 녹음된 세트에 연결되어 20초 이내에 3회 이상 반복하여 신호를 발생한다. 신고가 끝나면 일반전화 선로로 자동 복귀되고 '신고끝'이라는 램프가 점등되면서 속보기의 동작은 완료된다.

5. 실습방법

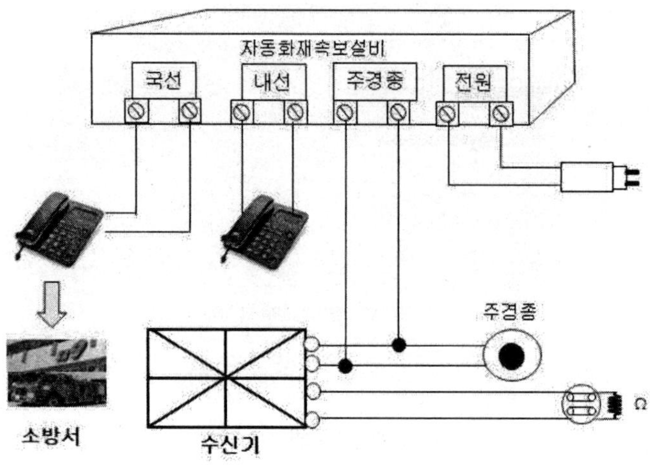

[자동화재속보설비 결선]

① 수신기에 감지기와 주경종을 연결한다.
② 수신기에 전원을 공급하고 감지기가 동작하는 경우 주경종이 울리는지 확인한다.
③ 자동화재속보설비 주경종 단자와 수신기 주경종 단자를 연결한다.
④ 자동화재속보설비 국선단자를 전화선 단자에 연결한다.
⑤ 자동화재속보설비 내선단자를 전화선 단자에 연결한다.
⑥ 자동화재속보설비 전원을 인가한다.
⑦ 속보설비에 녹음테이프를 꽂는다.
⑧ 감지기를 동작시켜 수신기에 화재신호가 감지되고 주경종이 울리면서 자동화재속보설비가 연동되는지를 확인한다.

6. 실습결과

① 감지기가 동작하는 경우 자동화재속보설비가 어떻게 연동되는가?

② 속보설비가 동작개시까지 시간은 얼마나 경과하는가?

③ 자동화재속보설비의 녹음테이프 재생횟수는 얼마인가?

④ 자동화재속보설비 내선전화 동작을 확인한다.

실습 17 방화문 설비 동작시험

1. 목적

방화문(갑종방화문, 을종방화문) 설비의 결선방법과 동작원리를 이해한다.

2. 실습과제

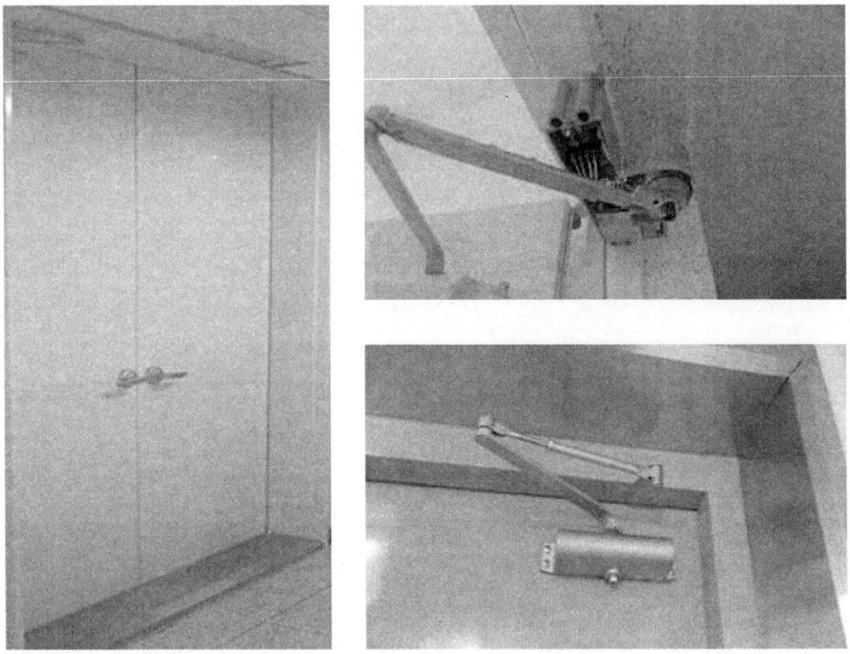

[방화문 설비]

① 수신기에 연결된 감지기가 동작시 방화문 설비와의 연동관계를 알아본다.
② 방화문 기동시 문의 개폐장치의 동작상태를 확인한다.
③ 방화문 기동시 확인단자의 동작상태를 확인한다.
④ 수신기와 방화문과의 접속된 전선수를 확인한다.

3. 준비물

방화문 세트, 수신기, 멀티테스터, 리드선, 단자대, 직류전원공급장치, 감지기

4. 관련지식

(1) 방화문

화재시 연기가 계단측으로 유입되면 피난활동에 막대한 지장을 초래한다. 평상시에는 자동방화문설비(전실 출입문, 피난계단 출입문)를 열어놓고 화재가 발생하면 연동으로 문을 폐쇄시켜 연기가 유입되지 않도록 하는 설비이다. 방화문 자동폐쇄기(Door Release)는 전자석이나 영구자석을 이용하는 방식을 사용하여 왔으나 정전, 자력감소 등 사용상 문제점이 있어 근래에는 걸고리 방식이 주로 사용되고 있다.

(2) 방화문 구조

주요구조부가 내화구조 또는 불연재료로 된 건축물로서 연면적 1,000[m2]이상 되는 건물은 내화구조로 된 바닥, 벽으로 구획하여야 한다. 방화구획에 개구부가 있는 경우 그 개구부는 닫힌 상태에서 벽의 내화성능과 동등한 내화력이 유지되는 방화문을 설치하여야 한다. 그러나 벽 전체의 표면적 중 문의 표면적이 작아 통상적으로 벽보다는 문의 내화성능을 낮게 규정한다. 그러나 내화벽과 동등한 내화성능을 유지하려면 문 개구부에 SP를 설치하면 된다. 방화문은 지접 손으로 열 수 있고 자동적으루 닫히는 구조이어야 한다.

① 항상 열수 있고 닫힌 상태로 유지 되어야 한다.
② 문이 닫히면 연기나 화염의 이동이 없어야 한다(차연, 비차열)
③ 방화문 부착 철물은 문을 폐쇄하였을 때 노출되지 않도록 한다.
④ 방화문틀 재료는 불연재료로 하여야 한다.
⑤ 일반적으로 철재 방화문만 인정하고 있다.
⑥ 승강기문도 건축물에 설치된 방화문 성능과 동일해야 한다.

일반적으로 승강기문의 내화성능은 승강기 샤프트의 내화성능에 따라 다르다(4시간→3시간, 3→2시간, 2시간→1시간)

[표] 방화문 종류 및 사용장소

구 분	갑종 방화문(바차열 1시간)	을종 방화문(비차열 30분)
철재구조	① 1.5[mm] 철판두께 ② 골구를 철재로 하고 그 양면에 각각 두께 0.5[mm] 이상의 철판을 붙인 것	① 0.8~1.5[mm] 철판두께 ② 철재 및 망입유리로 된 것 ③ 골구를 방화목재로 하고 옥내면에는 두께1.2[mm] 이상 석고판을 붙이고 옥외면에 철판을 붙인 것
사용 장소	① 방화구획 ② 방화벽 ③ 비상용승강기 출입구 ④ 을종방화문	① 피난계단 출입구 ② 특별피난계단 출입구 ③ 연소 우려되는 외벽개구부

(2) 방화문 성능시험

① 내화성능 시험 : 비차열시험 1시간(6mm×150mm, 25mm, 10초)
② 차연성능 시험 : 25pa 차압에서 0.9[m^3/min·m^2] 기밀성 측정
③ 비틀림 강도시험 : 90°열고 옆 방향으로 하중을 가하여(20, 40, 60N) 비틀림 측정
④ 연직하중 강도시험 : 90°열고 문상부에서 하중을 가하고 문 처짐량 측정
⑤ 개폐력 시험 : 문이 닫히는 힘, 열리는 힘(최소)
⑥ 개폐반복 시험 : 100,000회(온, 오프 1회)
⑦ 내충격시험 : 30kg, 지름 35cm를 낙하충격

5. 실습방법

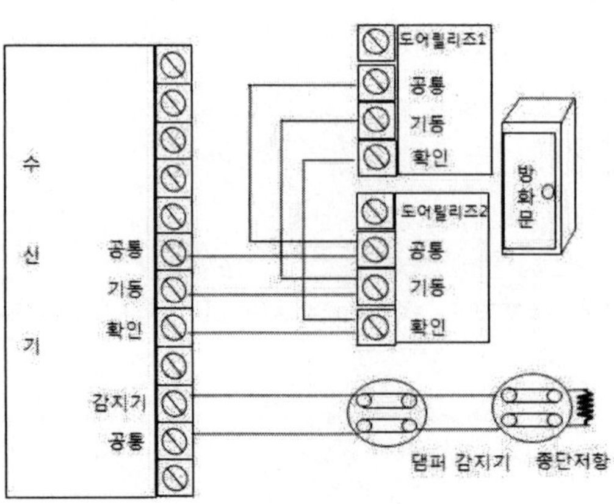

[방화문 결선도]

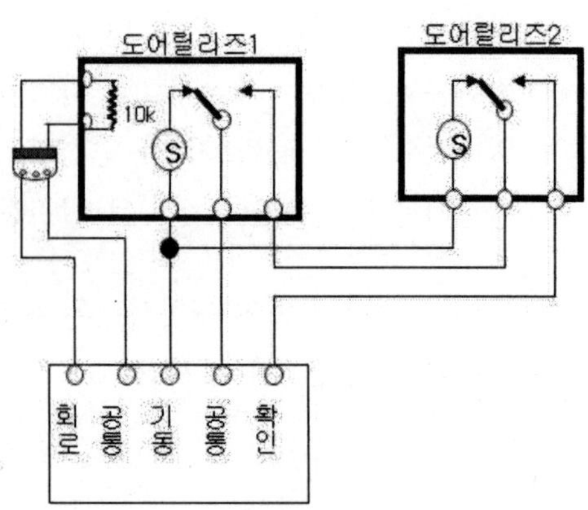

[도어릴리즈 결선도]

① 그림과 같이 방화문 설비 세트를 준비한다.
② 수신기에 감지기와 종단저항을 연결하고 접속상태를 확인한다.
③ 방화문 설비에 수신기의 기동신호를 연결한다.
④ 방화문 세트와 수신기에 전원을 공급한다.
⑤ 수신기에 감지기가 동작하는 경우 방화문 기동단자에 신호가 연동되어 방화문이 동작하는지 확인한다.
⑥ 방화문 동작시 확인단자에 신호가 나오는지 확인한다.

6. 실습결과

① 수신기에 감지기가 동작하는 경우 방화문 기동단자에 신호가 연동되는가?
② 방화문 기동단자에 신호가 입력되는 경우 방화문이 동작하는가?
③ 방화문 기동시 확인단자에 신호가 나오는가?

실습 18 방화셔터 설비 동작시험

1. 목적

방화셔터 설비의 결선방법과 동작원리를 이해한다.

2. 실습과제

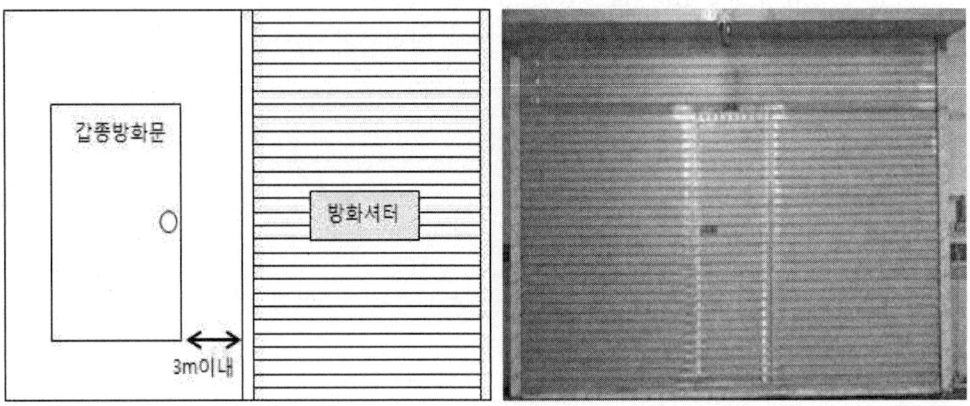

[방화셔터 및 방화문]

① 셔터연동 감지기가 동작시 방화셔터 설비와의 연동관계를 알아본다.
② 방화셔터 기동시 문의 개폐장치의 동작상태를 확인한다.
③ 방화셔터 기동시 확인단자의 동작상태를 확인한다.
④ 수신기와 방화셔터와의 접속된 전선수를 확인한다.

3. 준비물

방화셔터 세트, 수신기, 멀티테스터, 리드선, 단자대, 직류전원공급장치, 감지기

4. 관련지식

방화셔터라 함은 백화점, 체육관, 공항 등 넓은 공간을 제연 구획별로 폐쇄하기 어려운 장소에 설치하고 화재시 방화구획을 경계하기 위해 자동 폐쇄시키는 설비이다. 평상시에는 개방되어 있고 화재시 자동 또는 기동스위치 동작에 따라 방화셔터가 폐쇄되어 방화구획을 형성하는 자동문으로 고정벽을 설치하기 곤란한 장소에 설치하며 3[m]이내에 갑종방화문이 설치된다.

연기감지기에 의해 일부폐쇄, 열 감지기에 의해 완전 폐쇄되어야 하며 셔터상부는 상부바닥에 맞닿아야 하고 바닥과의 틈새는 이동통로가 되지 않아야 한다.

방화셔터는 1단강화 방화셔터와 2단강하 방화셔터가 있다. 방화셔터용 감지기는 셔터를 중심으로 좌우측에 부착되며 1단강하 방화셔터는 화재감지기가 동작하면 셔터가 완전 폐쇄된다. 2단강하 방화셔터는 연기감지기 동작시 1단 강하하여 바닥으로부터 약 1.8m까지 하강한 후 연기의 흐름을 차단하고 사람이 안전하게 피난 할 수 있도록 한다. 열감지기 동작시 2단 강하하여 바닥까지 완전 폐쇄한다.

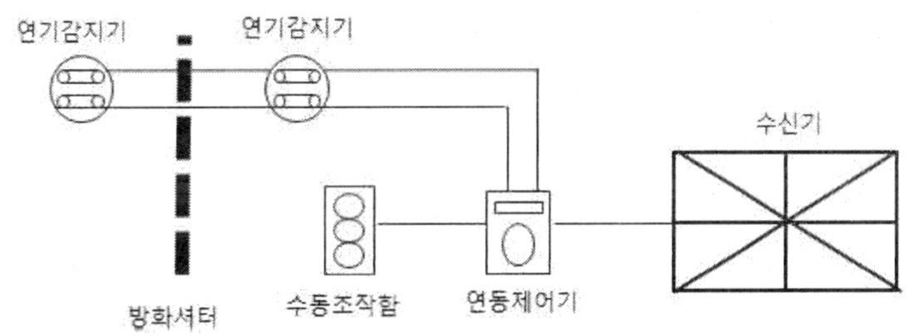

[1단 방화셔터]

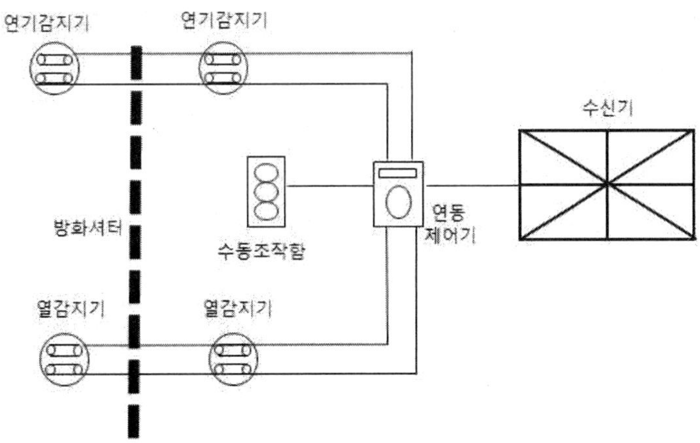

[2단 방화셔터]

5. 실습방법

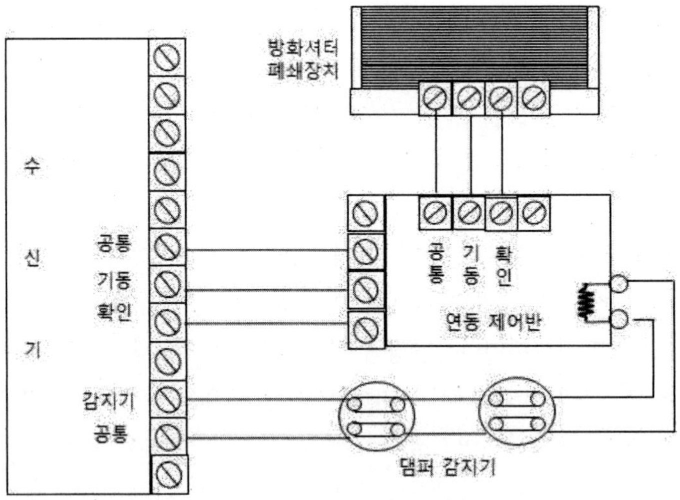

[방화셔터 결선도]

① 그림과 같이 방화셔터 세트(연동제어기)를 준비한다.
② 감지기 2회로를 수신기에 연결한다.
③ 방화셔터에 수신기의 기동신호를 연결한다.
④ 방화셔터의 기동확인선을 수신기에 연결한다.
⑤ 감지기가 동작시 2단 구분 기동이 되는지를 확인한다.
⑥ 방화셔터 기동시 확인신호가 수신기에 감지되는지 확인한다.

6. 실습결과

① 감지기가 동작시 2단 기동신호로 동작되는가?
② 방화셔터 기동단자에 신호가 입력되는 경우 방화셔터가 동작하는가?
③ 방화셔터 동작시 확인단자에 신호가 나오는가?
④ 수신기와 방화셔터 간의 배선가닥수는 어떻게 되는가?

실습 19 제연댐퍼 설비 동작시험

1. 목적

제연댐퍼 설비의 결선방법과 동작원리를 이해한다.

2. 실습과제

[제연 송풍장치]

[제연댐퍼]

① 수신기에 감지기가 동작하는 경우 댐퍼 기동단자에 신호가 연동되어 동작을 알아본다.
② 수동기동시 수신기와 연동되어 있는 댐퍼가 동작하는지 알아본다.
③ 댐퍼 동작시 확인단자를 확인한다.
④ 댐퍼와 수신기 간의 접속된 배선 가닥수를 알아본다.

3. 준비물

제연댐퍼(급기,배기) 세트, 수신기, 멀티테스터, 리드선, 단자대, 직류전원공급장치, 감지기

4. 관련지식

제연설비는 연기의 수평 및 수직이동을 막기 위해 제연구역을 설정하고 연기를 화재구역에 제한함으로써 화재시 인명의 대피 및 소화활동을 원활하게 하기 위한 설비이다.

제연설비는 화재발생시 예상되는 제연구역에 연기배출과 동시에 공기유입이 될 수 있도록 하고, 배출구역이 거실인 경우에는 통로에 공기가 유입될 수 있도록 하여야 한다. 제연설비 기동용으로 사용되는 감지기는 주로 연기감지기를 사용하는 것이 적당하며, 주로 지하층·무창층 등 개구부가 없는 건물이나 바닥면적에 비하여 개구부가 작은 건축물에 중점을 두고 관리하고 있다.

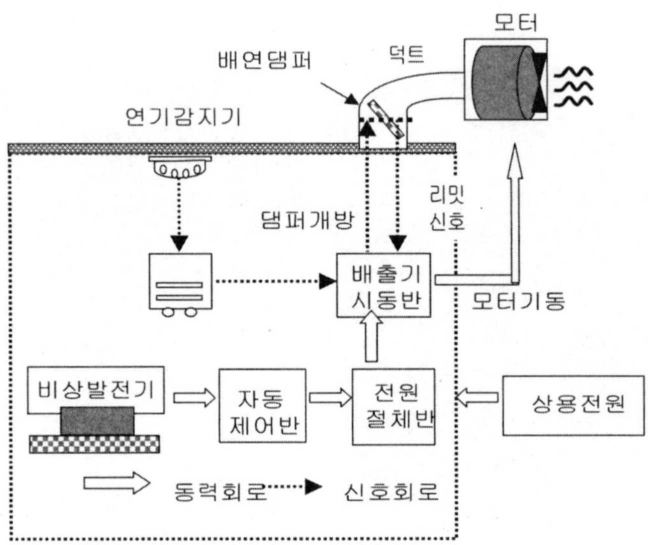

[제연댐퍼 구성도]

제연방식은 소방대상물의 규모와 특성에 따라 고려되어야 한다. 단층건물에서는 지붕배기와 제어커튼을 이용하여 제연하고, 중층건물에서는 지붕·외벽 등의 개구부를 이용한다. 그러나 무창층·지하층 및 고층건물에서의 제연은 스모크 샤프트(smoke shaft), 배출기, 공조기 등을 이용하여 강제 기계배연방식을 이용하고 있다.

① 밀폐제연방식 : 제연의 기본방식

② 자연제연방식 : 지하층·유창층에 적용

③ 스모크 타워(Smoke Tower) 제연방식 : 통기력을 이용하는 방식

④ 기계제연방식 : 지하층·무창층·고층건물에 적용

5. 실습방법

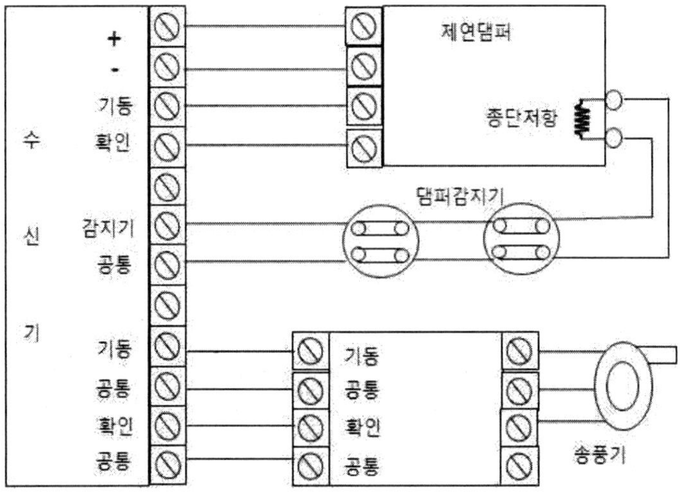

[제연댐퍼 결선도]

① 그림과 같이 소형댐퍼장비 세트를 준비한다.

② 수신기에 감지기와 종단저항을 연결하고 접속상태를 확인한다.

③ 댐퍼장비 세트에 수신기의 기동신호를 연결한다.

④ 댐퍼장비 세트와 수신기에 전원을 공급한다.

⑤ 수신기에 감지기가 동작하는 경우 댐퍼 기동단자에 신호가 연동되어 댐퍼가 동작하는지 확인한다.

⑥ 수동기동시 댐퍼 기동단자에 신호가 연동되어 댐퍼가 동작하는지 확인한다.

⑦ 방화문 동작시 확인단자에 신호가 나오는지 확인한다.

6. 실습결과

① 수신기에 감지기가 동작하는 경우 댐퍼 기동단자에 신호가 연동되는가?

② 댐퍼 기동단자에 신호가 입력되는 경우 댐퍼가 동작하는가?

③ 수동기동시 댐퍼가 동작하는가?

④ 댐퍼 동작시 확인단자에 신호가 나오는가?

⑤ 전실제연, 개방형상가 제연방식, 밀폐형상가 제연설비 동작 배선수는?

⑥ 댐퍼와 수신기 간의 몇 가닥의 배선수로 구성되었는가?

실습 20 스프링클러 수동조작함 동작시험

1. 목적

스프링클러 수동조작함 설비의 결선방법과 동작원리를 이해한다.

2. 실습과제

[소화펌프 및 밸브]

[슈퍼비조리 판넬]

① 수신기(또는 중계기)와 수동조작함(SVP), 프리액션 밸브간의 전기결선도를 이해한다.
② 슈퍼비조리 판넬(SVP : Super Visory Panel) 회로도를 이해한다.
③ SVP와 밸브기동(SV), 밸브개방확인(PS),밸브주의(TS) 결선을 확인한다.
④ 현장설비 밸브기동 스위치 기능과 SVP 램프점등의 연동관계를 이해한다.
⑤ 현장설비 밸브개방확인 스위치 기능과 SVP 램프점등의 연동관계를 이해한다.
⑥ 현장설비 밸브개방확인 스위치 기능과 SVP 램프점등의 연동관계를 이해한다.
⑦ 스프링클러 간선계통도를 이해한다.

3. 준비물

슈퍼비조리 판넬(SVP : Super Visory Panel), 수신기, 릴레이, 리드선, 단자대, 직류 전원공급장치, 감지기, 사이렌

4. 관련지식

스프링클러설비는 화재가 발생한 경우 화재발생 부분의 천장에 있는 배관을 통하여 공급된 물이 스프링클러 헤드에 의해 방사되어 화재를 신속하고 효과적으로 진압할 수 있는 소화설비이다.

이 설비의 종류는 크게 습식·건식·준비작동식으로 나눌 수 있다.

습식 스프링클러 소화설비는 평상시에는 배관 내의 물이 헤드까지 도달해 있는 상태를 유지하고, 화재가 발생하면 헤드 감열체가 열에 의해 용해되어 가압수가 화재발생지점으로 방사되도록 구성된 설비이다.

화재시 방수가 이루어지게 되면 배관내 물의 유동을 유수검지장치(Alarm Valve)에 의해 압력 스위치가 동작하고 이 신호를 경보신호로 발생한다.

습식은 배관내 물이 항상 채워져 있는 반면 건식은 밸브를 중심으로 1차측에만 물이 채워져 있고 2차측에는 에어컴퓨레셔에 의한 압축공기가 채워져 있다.

평상시에는 2차측의 공기 압력, 클래퍼의 무게, 밸브 스토퍼 기구 등에 의해서 1차측 물이 2차측으로 유입되지 못하도록 밸브가 닫혀 있으며, 화재시 열에 의해 헤드의 감열부가 용해되어 1, 2차측 압력의 균형이 깨지고 밸브 내의 클래퍼가 개방되면서 소화수가 방출된다. 이때 유수검지 장치로서 드라이밸브, 드라이파이프 밸브가 흐름을 감지하여 경보를 발하는 역할을 한다. 건식 스프링클러 소화설비는 동결의 우려가 있는 장소에 주로 쓰이며 난방이 곤란한 넓은 곳에 주로 많이 쓰인다.

준비작동식 스프링클러설비는 건식 스프링클러설비와 습식 스프링클러설비의 장단점을 보완한 시스템으로서 설비의 안전도가 높고 효과적인 소화 시스템이라 할 수 있다.

이 시스템은 준비작동 밸브 내부의 클래퍼를 중심으로 1차측(펌프측)에는 압력을 가진 물이 위치하고, 2차측(헤드측) 배관 내에는 저압의 압축공기를 채워두거나 대기압 상태를 유지시킨다. 화재시 교차회로방식의 감지기가 동시에 동작할 경우 배관 내의 클래퍼가 열려지고 동시에 펌프가 기동하여 물을 헤드 위치까지 이동시킨다. 이후 헤드의 감열부가 열에 의해 개방되면 배관 내의 물이 화염 부근으로 방사되는 시스템이다. 그림은 준비작동식 스프링클러 설비의 동작흐름도를 나타낸다.

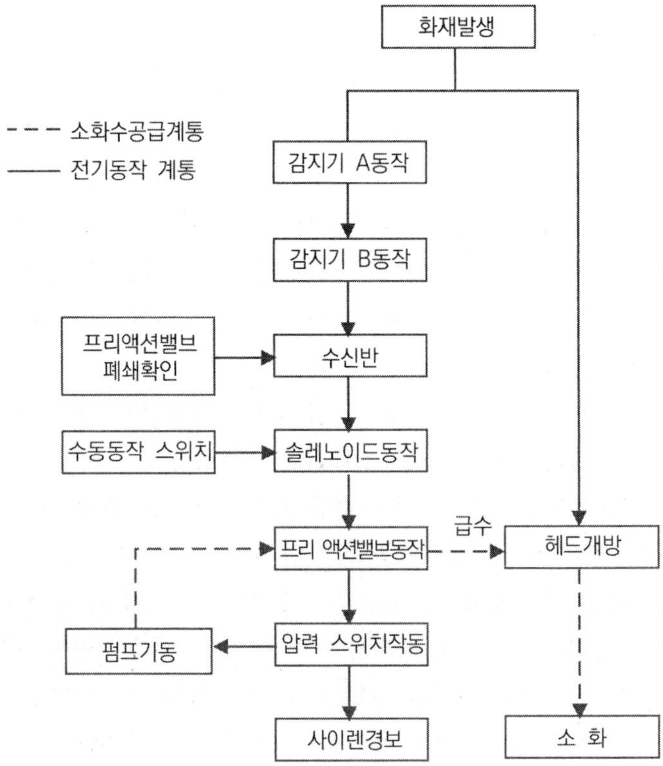

[준비작동식 스프링클러 동작흐름도]

이 시스템은 습식 스프링클러설비와 같이 동절기의 결빙이나 건식의 방수 개시시간 지연 등의 단점을 줄이는 효과를 가져올 수 있다.

그러나 이러한 여러 가지 장점에도 불구하고 먼지 등에 의해 연기 감지기 등의 오작동으로 인한 시스템의 신뢰성 문제를 야기 시킴으로써 준비작동식 스프링클러설비의 설치를 기피하는 현상도 다소 발생하고 있다.

5. 실습방법

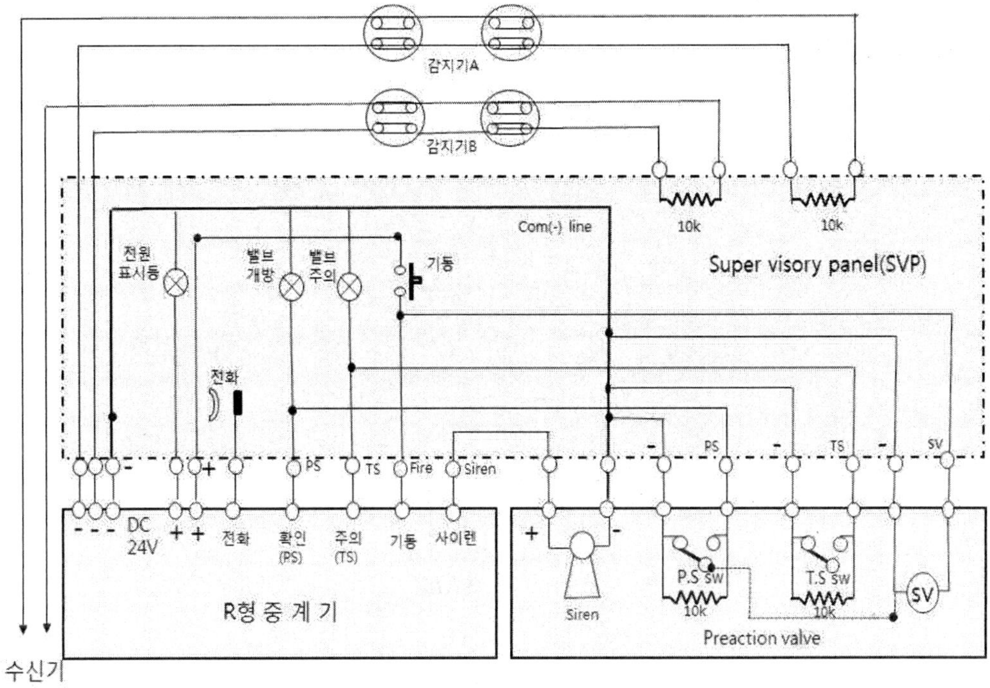

[슈퍼비조리 판넬 접속도]

① 수신기(또는 중계기)와 수동조작함(SVP), 프리액션 밸브를 준비한다.
② 전원표시등,밸브개방표시등,밸브주의표시등에 전원이 들어오는지 확인한다.
③ 수동조작함(SVP) 종단저항을 측정한다.
④ 감지기 2개를 종단저항에 연결하고 수신기(또는 중계기)와 연결한다.
⑤ 수동조작함(SVP)과 프리액션 밸브을 연결한다.
⑥ 수동조작함(SVP)과 수신기(또는 중계기)를 연결한다.
⑦ 수신기(또는 중계기)와 수동조작함(SVP)에 전원을 공급한다.
⑧ 밸브주의를 조작하여 밸브주의 표시등이 점등되는지를 확인한다.
⑨ 압력스위치를 조작하여 밸브개방 표시등이 점등되는지를 확인한다.
⑩ 수동기동 스위치를 누르면 SV가 기동되는지를 확인한다.
⑪ 감지기 1개가 동작하는 경우 SV가 기동되는지를 확인한다.
⑫ 감지기 2개가 동시에 동작하는 경우 SV가 기동되는지를 확인한다.

⑬ 사이렌 동작을 확인한다.

⑭ 수신기(또는 중계기)와 수동조작함(SVP)간의 전화통화를 시도해 본다.

6. 실습결과

① 수신기(또는 중계기)와 수동조작함(SVP), 프리액션 밸브간의 배선은 어떻게 구성되는가?

② 각 기기의 램프의 기능은 정상적으로 동작하는가?

③ 수동기동 스위치를 누른 경우 어떤 동작이 이루어지는가?

④ 송배선방식과 교차회로방식의 차이점은 무엇인가?

⑤ 스프링클러 간선계통도를 아래와 같이 그려보고 배선수(A~G)를 구해본다.

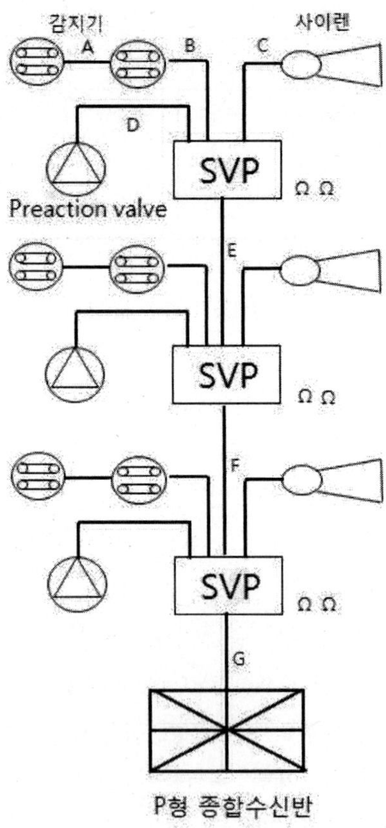

[스프링클러 간선계통도]

실습 21 소화약제 수동조작함 동작시험

1. 목적

가스계 소화설비 설비의 결선방법과 동작원리를 이해한다.

2. 실습과제

[이산화탄소 소화약제 시스템]

[소화약제 수동조작함]

① 수신기(또는 중계기)와 소화약제 수동조작함간의 전기결선도를 이해한다.
② 소화약제 수동조작함 회로도를 이해한다.
③ 가스방출 표시등 동작을 확인한다.
④ 감지기 동작시 수신기와 연동한 가스계 소화설비 동작을 이해한다.
⑤ 방출기동 스위치를 누르는 경우 가스계 소화설비 동작을 이해한다.
⑥ 감지기와 수신기, 소화약제 수동조작함 연동관계를 이해한다.
⑦ 가스계 소화설비 간선계통도를 이해한다.
⑧ 감지기 교차회로 방식을 이해한다.

3. 준비물

소화약제 수동조작함, 수신기, 가스방출표시등, 리드선, 단자대, 직류전원공급장치, 감지기, 사이렌

4. 관련지식

이산화탄소 소화설비 및 하론 소화설비는 물을 이용하는 스프링클러설비와 달리 가스를 이용한 질식 소화방식을 이용한 소화설비이다. 화재시 물질의 연소현상을 지속하기 위해서는 산소가 필수적으로 필요하다. 따라서 이산화탄소 또는 하론 가스 등을 주입시켜 공기 중의 산소 농도를 줄임으로써 더 이상 연소현상이 발생되지 못하도록 하여 소화하는 방식이다.

약제방출방식에 따라 전역방출방식은 불연성의 벽 등으로 밀폐되어 있는 경우 구역 전역에 가스를 방출하는 방식으로서 고정식 이산화탄소 공급장치에 배관 및 분사헤드를 고정 설치하여 밀폐방호공간 내에 이산화탄소를 방출하는 설비를 말한다. 국소방출방식은 개구부가 큰 곳, 또는 가스 방출시 인명피해의 우려가 있는 경우 방호대상물이 있는 부분만 가스를 방출하는 방식으로서 고정식 이산화탄소 공급장치에 배관 및 분사헤드를 설치하여 직접 화점에 이산화탄소를 방출하는 설비로 화재 발생부분에만 집중적으로 소화약제를 방출하도록 하는 설비를 말한다.

5. 실습방법

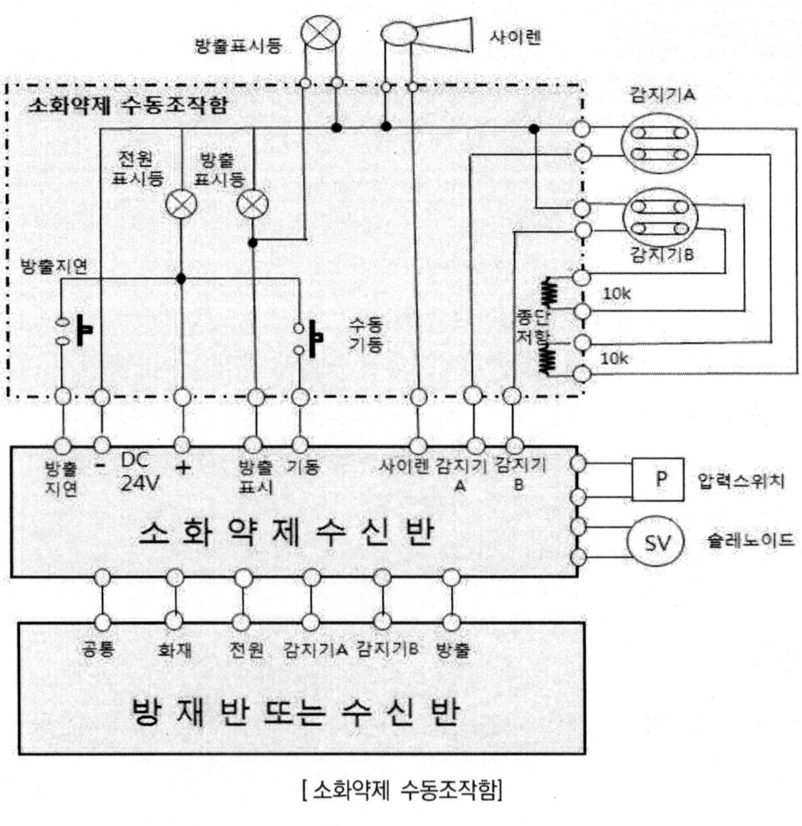

[소화약제 수동조작함]

① 수신기(또는 중계기)와 소화약제 수동조작함간을 준비한다.
② 소화약제 수동조작함 전원표시등, 방출용 램프에 전원이 들어오는지 확인한다.
③ 감지기 2개를 종단저항에 연결하고 수신기(또는 중계기)와 연결한다.
④ 가스방출표시등과 사이렌을 소화약제 수동조작함에 연결한다.
⑤ 소화약제 수동조작함과 수신기(또는 중계기)에 전원을 공급한다.
⑥ 감지기 2개가 동시에 동작하는 경우 동작상태를 확인한다.
⑦ 소화약제 수동조작함 기동스위치를 누르는 경우 동작상태를 확인한다.

6. 실습결과

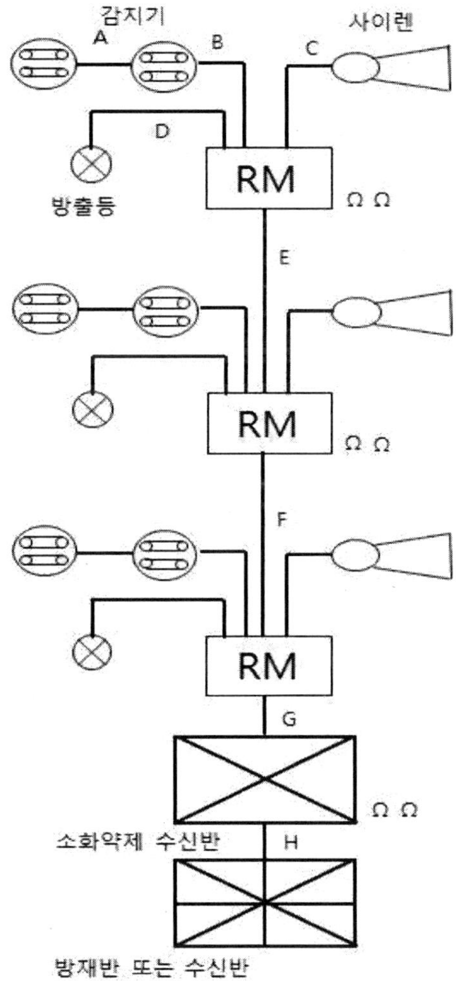

[가스계 소화설비 간선계통도]

① 수신기(또는 중계기)와 소화약제 수동조작함간의 배선은 어떻게 구성되는가?
② 각 기기의 램프의 기능이 정상적으로 동작하는가?
③ 수동기동 스위치를 누른 경우 어떤 동작이 이루어지는가?
④ 송배선방식과 교차회로방식의 차이점은 무엇인가?
⑤ 가스계 소화설비 간선계통도를 아래와 같이 그려보고 배선수(A~H)를 구해본다.

실습 22 절연저항 측정시험

1. 목적

절연저항계(Megger Tester)를 이용하여 전기기기 및 전기배선의 절연저항 값을 측정하는 방법을 익힌다.

2. 실습과제

① 전기설비기준에서 정해진 절연저항 값을 알아본다.
② 옥내 배전선로의 절연저항을 측정하여 규정치 이하로 유지되는지 확인한다.
③ 소형 변압기의 절연저항 측정방법을 알아본다.
④ 소형 3상 유도전동기의 절연저항 측정방법을 알아본다.

3. 준비물

절연저항계(Megger Tester), 멀티테스터, 저항, 소형변압기, 3상유도전동기, 옥내배선

4. 관련지식

전기배선을 대지로부터 충분히 절연되지 않으면 누설 전류로 인하여 화재사고, 감전사고 등이 일어날 위험이 있을 뿐 아니라 전력손실이 증가한다. 따라서 전기를 안전하게 사용하고 누설전류를 억제하기 위해서는 대지로부터 충분히 절연시켜야 한다.

저압 전선로의 전선 상호간, 전선로와 대지간의 유지해야 하는 절연 저항 값은 다음과 같다.

[표] 사용 전압별 절연저항 값

전선로의 사용전압 구분		절연저항치
400[V] 이하	대지전압 150[V] 이하	0.1[MΩ]
	150[V]~300[V] 이하	0.2[MΩ]
	300[V]~400[V] 이하	0.3[MΩ]
400[V] 이상		0.4[MΩ]

5. 실습방법

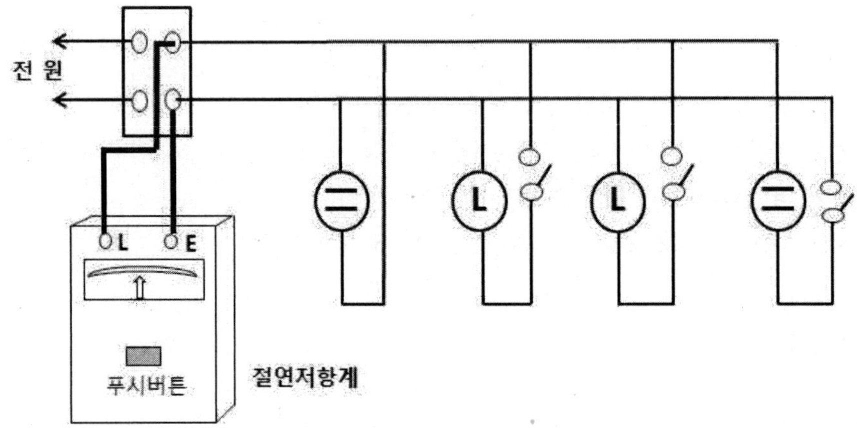

[전선상호간 절연저항 측정]

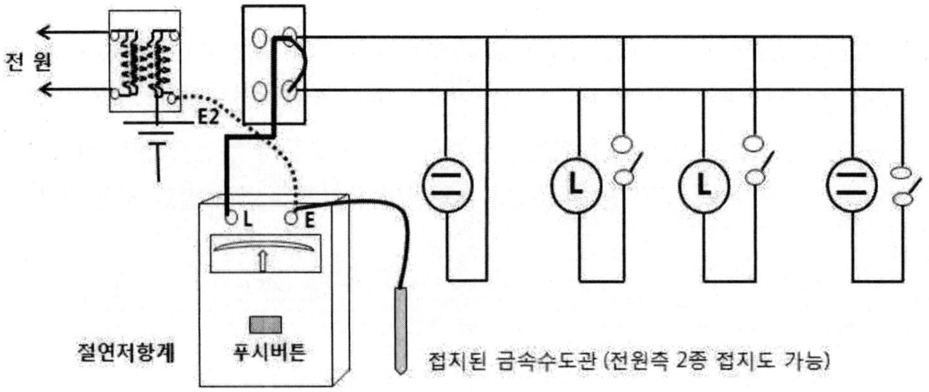

[전선과 대지간 절연저항 측정]

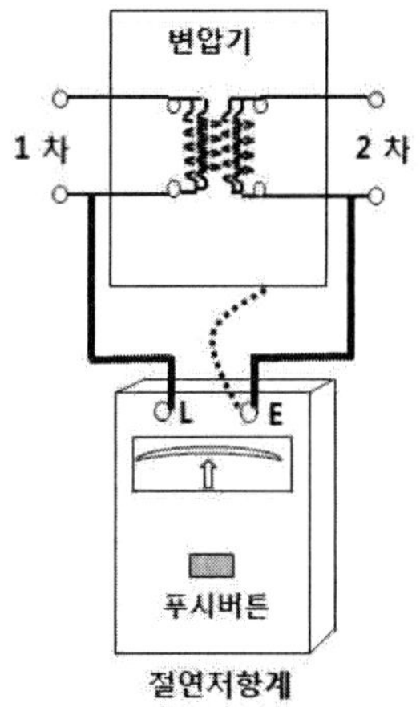

[변압기 절연저항 측정]

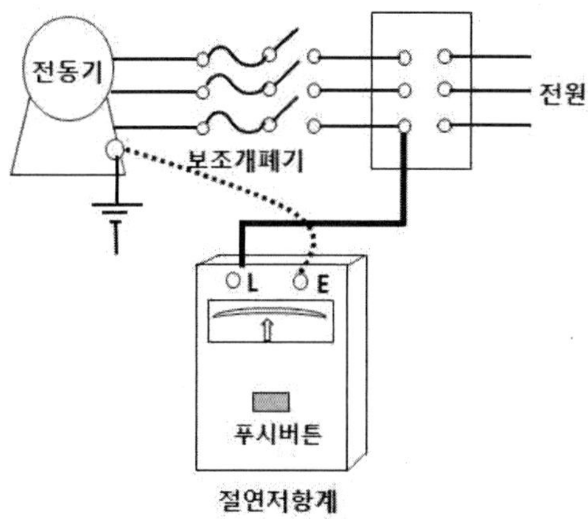

[전동기 절연저항 측정]

① 계기에 부착된 전지 점검스위치를 눌러 눈금판에 표시되어 있는 녹색표시선 내에 지침이 오는지 확인한다.

② 절연저항계의 L단자와 E단자를 단락하고 점검스위치를 눌러 계기판의 지침이 0에 오는지 확인한다.

③ 절연저항계의 L단자와 E단자를 개방하고 점검스위치를 눌러 계기판의 지침이 무한대에 오는지 확인한다.

④ 전선상호간의 절연저항측정은 전원을 차단하고 부하기기를 모두 개방한 상태로 측정한다. L단자를 1상에 연결하고 E단자는 접지측(다른 상)에 연결한다.

⑤ 전선과 대지간의 절연저항 측정시에는 전원을 개방하고 전원 스위치 2차측 2선을 도체로 일괄 접속하고 전구와 기기는 개방, 투입 어느 것이나 관계가 없다. 2선로 단락선은 절연저항계 L단자에 연결하고 E단자는 접지선에 연결하여 측정한다. 이 때 접지단지는 접지된 수도관이나 변압기 2차측 접지선을 이용해도 된다.

⑥ 변압기 절연저항 측정은 변압기 1차측과 변압기 2차측, 또는 1차측과 변압기 외함 간의 절연저항 값을 측정한다.

⑦ 전동기의 절연저항은 전원측의 전원을 차단하고 각 상과 접지사이의 절연저항을 측정한다. 전로와 대지간의 절연저항은 각 상(3개)에 대하여 측정한다.

6. 실습결과

① 전선상호간의 절연저항, 전선과 대지간의 절연저항, 변압기 절연저항, 전동기의 절연저항을 측정하고 다음표를 작성하시오.

② 전기설비기술 기준령에 의한 소방설비의 절연저항 유지개소에 대하여 확인한다.

옥내전선로	전선상호간	전선과 대지간
절연저항[MΩ]		

3상 전동기	권 선 간			권선-대지간		
	R-S	S-T	T-R	R-E	S-E	T-E
절연저항[MΩ]						

변압기	권 선 간			권선-대지간		
	1차	2차	1-2차	1차-E	2차E	3차-E
절연저항[MΩ]						

실습 23 접지저항 측정시험

1. 목적

접지공사는 감전, 누전사고의 방지 이상전압의 억제, 보호계전기의 정확한 동작 등으로 사람, 건물, 설비 등을 보호하기 위하여 시행하는 것으로 접지의 종류로는 계통접지와 기기접지가 있다. 전기설비나 전기기기에 정해진 접지저항 값을 유지하여야 감전이나 누전으로 인한 전기재해를 방지할 수 있다. 각 기기별로 유지하여야 하는 접지저항 값을 측정하는 방법과 접지시공 방법을 익힌다.

2. 실습과제

① 전기설비 기준에서 정해진 접지저항 값을 알아본다.
② 접지저항 값을 유지하기 위한 공사방법을 알아본다.
③ 접지저항계와 리드선, 접지봉으로 기준에서 정해진 접지저항 값으로 시공해본다.
④ 접지저항 값이 규정치에 미달하는 경우 대책방안을 강구한다.

[표] 접지공사의 접지저항 및 접지선의 굵기

접지종별	접지저항치	접지선의 굵기	특성
제1종(E1)	10[Ω] 이하	6[mm^2] 이상	① 특별고압 · 고압 계기 ② 피뢰기 ③ 위험물 탱크시설
제2종(E2)	150/1선지락전류 단, 특별고압→300[V] 이하의 경우는 10[Ω] 이하 특별고압→300[V] 이상의 경우는 5[Ω] 이하	고압→저압의 경우 6[mm^2] 이상 특고압→저압의 경우 16[mm^2] 이상	① 고압 및 특별고압 전로와 저압전로를 결합하는 변압기 저압측의 중성점 ② 고압 및 특별고압 전로와 저압전로를 결합하는 변압기에서 고압 및 특별고압 권선과 저압 권선사이에 설치하는 금속제 혼촉 방지판
제3종(E3)	100[Ω] 이하	2.5[mm^2] 이상	400[V] 미만인 저압용 기계기구의 철대 및 금속제 외함
특3종(ES3)	10[Ω] 이하	2.5[mm^2] 이상	400[V] 이상인 저압용 기계기구의 철대 및 금속제 외함

3. 준비물

접지저항계(어스테스터), 리드선, 단자대, 삽, 접지판(접지봉)

4. 관련지식

계통접지는 전선로의 이상전압 상승으로 송·배전 계통의 대지전위 상승 억제 및 절연강도를 절감하기 위해 시설하며 기기접지는 기기의 절연물이 손상되었을 경우 누설전류가 흘러 감전이나 누전으로 인한 누전화재 발생 방지를 위해 시설한다.

접지공사는 기기나 케이블의 금속외장 등 전류가 흐르지 않는 비충전 부분에 시설하는 제1종, 제3종, 특별 제3종이 있고 변압기 특고압과 저압 혼촉을 방지하기 위한 제2종 접지공사가 있다.

(1) 제1종 접지공사

특고압기기의 철대, 외함 등에 특고압 인가 및 인체 감전 사고를 예방하기 위하여 실시하는 접지로 접지저항 값을 10[Ω] 이하이며 접지선의 굵기는 6[mm^2] 이상이 되어야 한다.

(2) 제2종 접지공사

변압기 특고압과 저압 간에 혼촉사고가 우려되는 장소에서 저압측 선로단을 보호하기 위해 실시하는 접지공사이다. 혼촉사고 발생시 저압선로에 특고압 선로의 지락전류가 흘러 저압용 기기의 절연파괴 및 감전 등의 사고를 유발한다. 그러므로 접지선의 전위는 대지전압 150[V]가 초과되지 않도록 전기설비 기술기준에 규정하고 있으며 특고압-저압은 16[mm^2] 고압—저압인 경우에는 6[mm^2] 이상 접지선을 사용한다.

(3) 제3종 접지공사

400[V] 이하인 저압용 전기기기의 철대나 외함에 누전이 발생하였을 경우 감전의 위험성을 감소시키기 위하여 실시하는 접지공사이다.

(4) 특별 제3종 접지공사

400[V]를 초과하는 저압용 기기의 철대나 외함의 누전으로 감전의 위험이 큰 경우에 실시하는 접지공사이다.

5. 실습방법

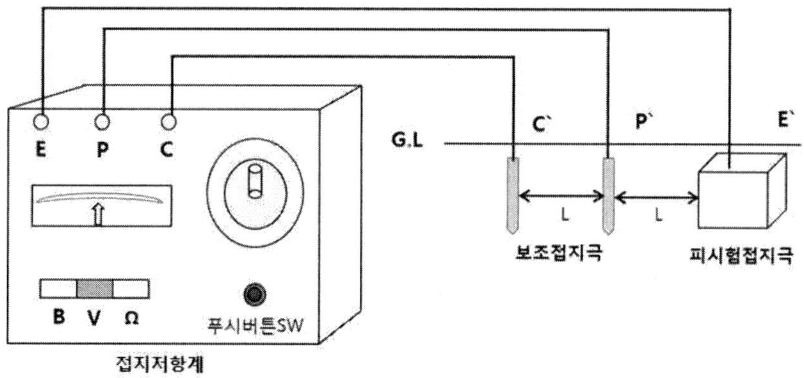

[접지저항 측정 결선도]

① 전지체크 버튼(B)을 눌러 전지 값이 유효범위 내(청색표시)에 있는지 확인한다.
② 검류계의 지침이 영점에 있는지 확인한다.
③ 그림과 같이 측정대상 개소에 직선상으로 약 10m간격으로 전압용 보조접지봉 P와 전류용 보조접지봉 C를 박고 결선한다.
④ 전압 레인지로 대지전압 유무를 확인한다.
⑤ 저항 레인지로 변환하여 푸쉬버튼 스위치를 누르면서 다이얼 손잡이를 돌려 검류계의 지침이 영점를 지칭하도록 한다.
⑥ 이때 다이얼 눈금이 지시하는 값이 접지저항 값이다.
⑦ 접지극의 위치를 이동하여 여러 번 반복하여 측정한다.

6. 실습결과

① 위와 같은 방법으로 접지저항을 측정하여 결과표를 기록한다.
② 극간의 거리를 다르게 하여 측정해 보고 결과를 기록한다.
③ 접지저항은 접지봉, 접지판의 크기, 지형과 매설방법, 계절 등을 비고란에 기재한다.

측 정 방 법	측 정 값						비 고
	1	2	3	4	5	평균	
접지봉-접지봉							
접지봉-접지판							

최신 **소방전기실습**

2019년 9월 10일 2판 1쇄 발행

저 자 윤 석 호
발행인 남 승 우

발행처 도서출판 **상尙 학學 당堂**
서울특별시 동작구 사당로9가길 6
TEL: 02) 595-1692~4
FAX: 02) 595-1394
E-mail : namdoo6@unitel.co.kr
신고 : 2-155호 (1968. 11. 29)

정가 24,000원

ISBN 978-89-6587-068-5 93560

〈디자인〉 편집 엄해숙 / 표지 나아기획